国家示范性高职高专机电类专业"十三五"规划教材

机械制图习题册

主　编　陶韵晖　向言群　彭南燕
副主编　罗治凤　黄　毅　王铁雷

中国·武汉

图书在版编目(CIP)数据

机械制图习题册/陶韵晖,向言群,彭南燕主编. —武汉:华中科技大学出版社,2016.8(2023.8重印)
ISBN 978-7-5680-1863-0

Ⅰ.①机… Ⅱ.①陶… ②向… ③彭… Ⅲ.①机械制图-高等职业学校-习题集 Ⅳ.①TH126-44

中国版本图书馆 CIP 数据核字(2016)第 125237 号

机械制图习题册	陶韵晖　向言群　彭南燕　主编
Jixie Zhitu Xitice	

策划编辑：倪　非
责任编辑：狄宝珠
封面设计：原色设计
责任校对：张会军
责任监印：朱　玢
出版发行：华中科技大学出版社(中国·武汉)
　　　　　武昌喻家山　　邮编：430074　　电话：(027)81321913
录　　排：武汉正风天下文化发展有限公司
印　　刷：武汉市洪林印务有限公司
开　　本：787mm×1092mm　1/16
印　　张：16
字　　数：204 千字
版　　次：2023 年 8 月第 1 版第 2 次印刷
定　　价：32.00 元

本书若有印装质量问题,请向出版社营销中心调换
全国免费服务热线：400-6679-118　　竭诚为您服务
版权所有　侵权必究

目　　录

第一章　制图的基本知识与技能 …………………………………………………………… 1

第二章　正投影作图基础 …………………………………………………………………… 11

第三章　立体表面交线的投影作图 ………………………………………………………… 23

第四章　轴测图 ……………………………………………………………………………… 39

第五章　组合体 ……………………………………………………………………………… 47

第六章　机械图样的基本表示法 …………………………………………………………… 70

第七章　机械图样中的特殊表示法 ………………………………………………………… 93

第八章　零件图 ……………………………………………………………………………… 103

第九章　装配图 ……………………………………………………………………………… 121

| 第一章　制图的基本知识与技能 | | | | | | | | | 专业 | | | 班级 | | | 姓名 | | | 学号 | | |

1-1 字体练习。

字	体	工	整	笔	画	清	楚	间	隔	均	匀	排	列	整	齐	横	平	竖	直	起	落	结	构	匀	称
制	图	基	本	知	识	与	技	能	图	纸	幅	面	绘	图	比	例	设	计	审	核	标	准	材	料	数

0123456789

I II III IV V VI VII VIII IX X

| 第一章 制图的基本知识与技能 | 专业 | 班级 | 姓名 | 学号 |

1-2 字体练习。

ABCDEFGHIJKLMNO PQRSTUVWXYZ

abcdefghijklmnopq rstuvwxyz

| 第一章　制图的基本知识与技能 | 专业 | 班级 | 姓名 | 学号 |

1-3　图线练习。

(1) 粗实线：

(2) 细实线：

(3) 剖面线：

(4) 细虚线：

(5) 细点画线：

1-4　将左边的视图原样画在右边空白处。

1-5　将左边的视图按 2:1 的比例画在右边空白处。

$\phi 15$

R15

16

| 第一章　制图的基本知识与技能 | 专业 | 班级 | 姓名 | 学号 |

1-6　线性尺寸标注（测量取整数）。

1-7　角度尺寸标注。

1-8　直径和半径的标注（测量取整数）。

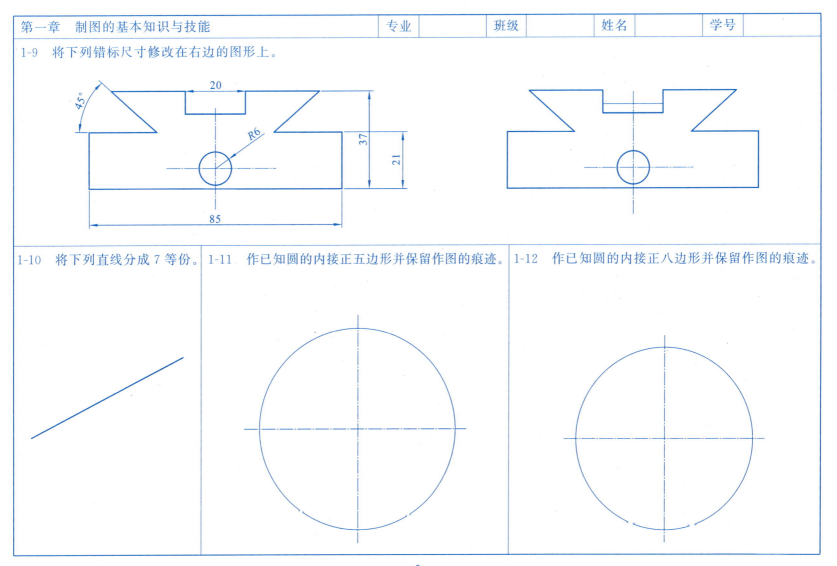

| 第一章　制图的基本知识与技能 | 专业 | 班级 | 姓名 | 学号 |

1-13　按照视图完成下列带有斜度的图形。

1-14　按照视图完成下列带锥度的图形。

1-15　以已知直线段为边作出一个等边三角形。

1-16　不用测量的方式作出已知线段的中垂线并保留作图痕迹。

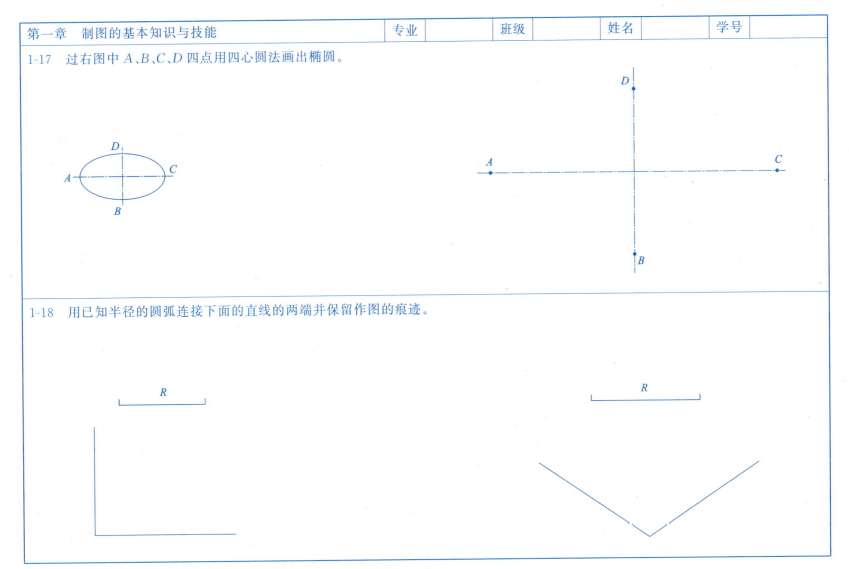

| 第一章　制图的基本知识与技能 | 专业 | 班级 | 姓名 | 学号 |

1-19　用已知半径的圆弧外接两已知圆。

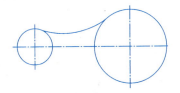

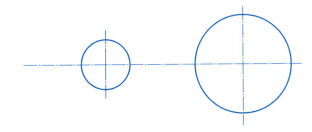

1-20　用已知半径的圆弧内接两已知圆。

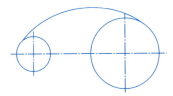

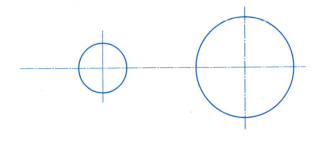

1-21　根据半径和中心距选取合适半径的圆弧分别内、外接两已知圆。

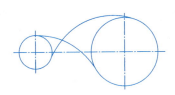

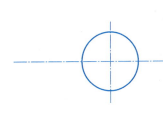

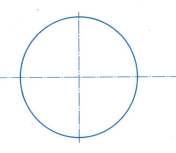

| 第一章　制图的基本知识与技能 | 专业 | 班级 | 姓名 | 学号 |

1-22　在指定位置按尺寸作出圆弧的连接。

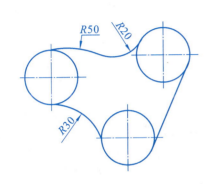

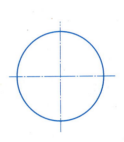

1-23　按尺寸 1:1 画出下面的图形。

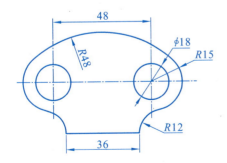

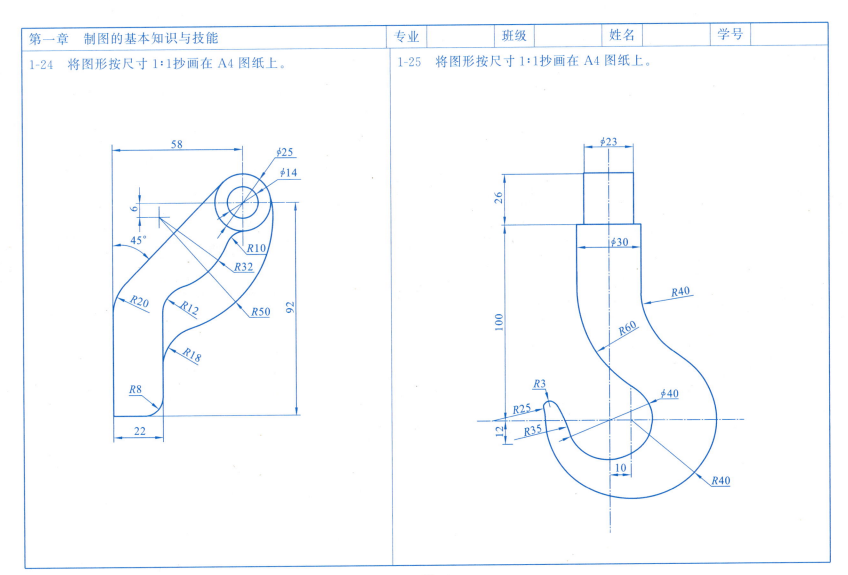

| 第二章　正投影作图基础 | 专业 | 班级 | 姓名 | 学号 |

2-1　在三视图中填出视图的名称，并在尺寸线上填写出长、宽和高。

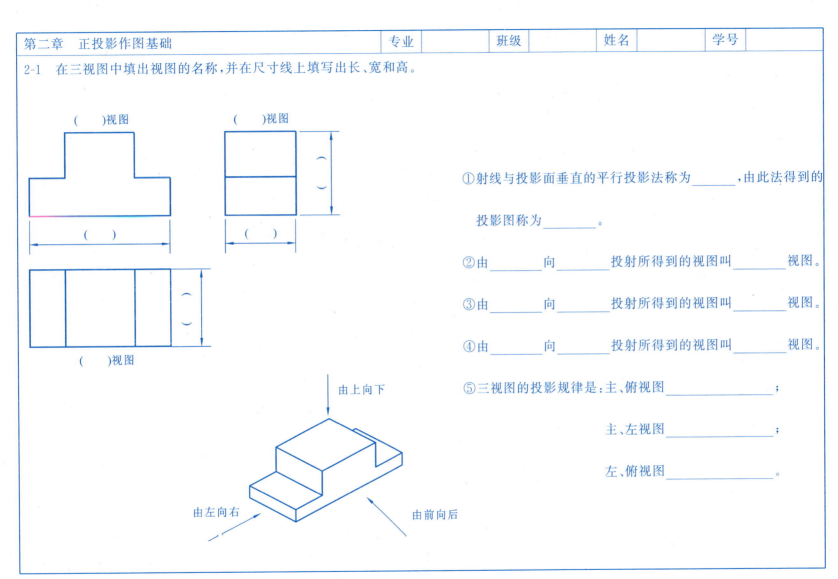

①射线与投影面垂直的平行投影法称为_____，由此法得到的投影图称为_____。

②由_____向_____投射所得到的视图叫_____视图。

③由_____向_____投射所得到的视图叫_____视图。

④由_____向_____投射所得到的视图叫_____视图。

⑤三视图的投影规律是：主、俯视图_____；

　　　　　　　　　　　　主、左视图_____；

　　　　　　　　　　　　左、俯视图_____。

| 第二章　正投影作图基础 | 专业　　　班级　　　姓名　　　学号 |

2-2　在括号里填出视图的方位关系。

（上）
（左）　（右）
（下）

（　）
（　）　（　）
（　）

（　）
（　）　（　）
（　）

后　上　右
左　前
下

①主视图反映物体的_____、_____和_____、_____方位，也就是反映了物体的_____和_____。

②俯视图反映物体的_____、_____和_____、_____方位，也就是反映了物体的_____和_____。

③左视图反映物体的_____、_____和_____、_____方位，也就是反映了物体的_____和_____。

④按国标中对视图位置排列的规定，主视图的正_____方是_____视图；主视图的正_____方是_____视图。

⑤俯视图的下方和左视图的右边表示物体的_____方；俯视图的上方和左视图的左边表示物体的_____方。

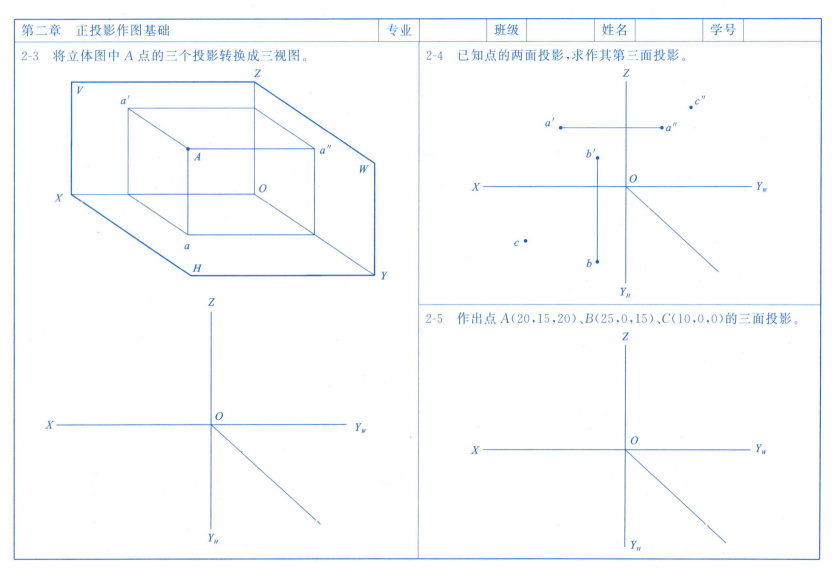

| 第二章 | 正投影作图基础 | | | 专业 | 班级 | 姓名 | 学号 |

2-6 根据表中已知条件画出点的三面投影。

点	距 H 面	距 W 面	距 V 面
A	15	0	20
B	10	10	15
C	25	10	0

2-7 根据已知条件作出各点的三面投影。

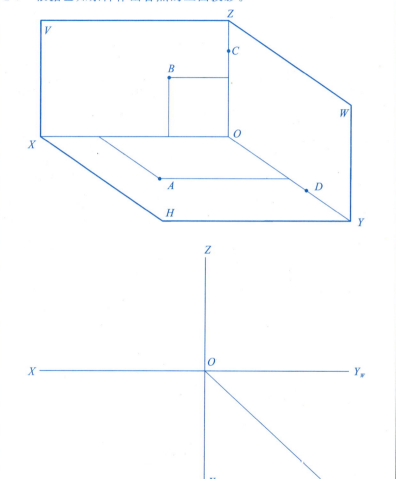

| 第二章　正投影作图基础 | 专业　　　班级　　　姓名　　　学号 |

2-8　已知点 A 的三面投影，点 B 在点 A 的正前方 10 mm、之下 5 mm，点 C 在点 A 之左 10 mm、之后 5 mm、之上 10 mm，作出点 B、C 的三面投影。

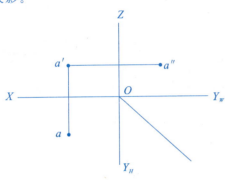

2-9　判断三点的相对位置关系。

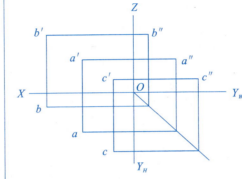

B 点在 A 点之＿＿＿＿；
B 点在 A 点之＿＿＿＿；
B 点在 A 点之＿＿＿＿；
C 点在 B 点之＿＿＿＿；
C 点在 A 点之＿＿＿＿；
C 点在 A 点之＿＿＿＿。

2-10　求图中各点的三面投影，并判断重影点：
＿＿＿和＿＿＿是对＿＿＿面的重影点；
＿＿＿和＿＿＿是对＿＿＿面的重影点。

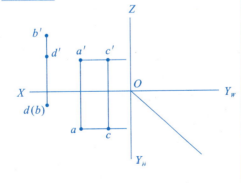

2-11　在投影图上标出 A、B 点的三个投影。

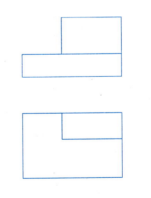
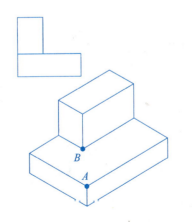

| 第二章　正投影作图基础 | 专业 | 班级 | 姓名 | 学号 |

2-12　在立体图上标出点 A、B 的位置，并完成第三视图的标注。

2-13　在立体图上标出点 A、B、C 的位置，并完成第三视图的标注。

2-14　已知△ABC 三点在 H 面上，点 D 距 H 面为 20 mm，作各点的其他两面投影并用直线连接。

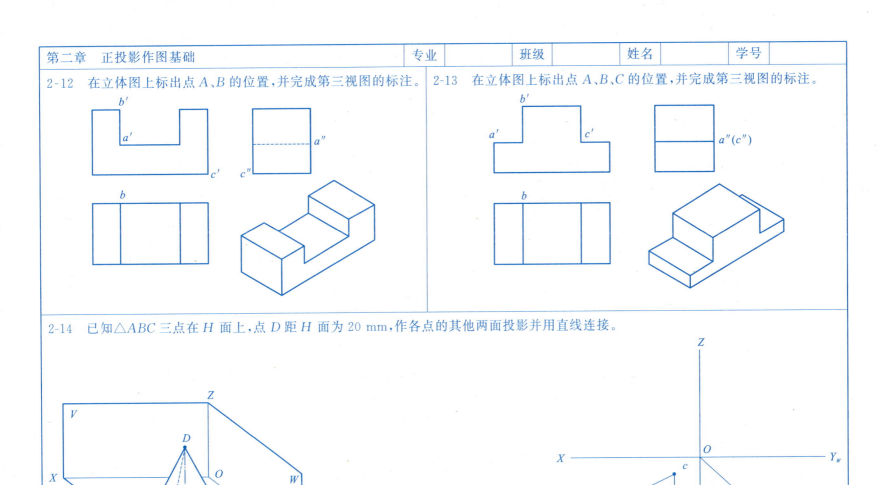

第二章　正投影作图基础　　　　　　　　　专业　　　班级　　　姓名　　　学号

2-15　完成各直线的第三面投影并判断它们对投影面的相对位置。

__正平__线

__侧垂__线

__正垂__线

__铅垂__线

__水平__线

__一般位置__线

| 第二章　正投影作图基础 | 专业 | 班级 | 姓名 | 学号 |

2-16 已知侧平线 CD 长 20 mm，$\alpha=45°$，画出直线 CD 的三面投影。

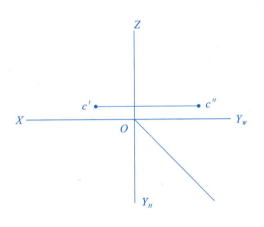

2-17 已知直线 AB 垂直于 H 面，长 15 mm，画出直线的三面投影。

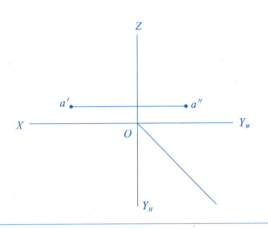

2-18 补画视图中的漏线并完成点的三面投影。

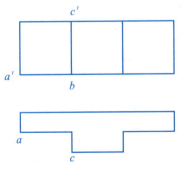

AB 是_____线，BC 是____线。

2-19 补画视图中的漏线并完成点的三面投影。

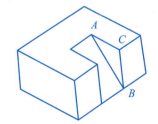

AB 是_____线，BC 是____线，AC 是_____线。

| 第二章　正投影作图基础 | 专业　　　班级　　　姓名　　　学号 |

2-20　看轴测图回答下面问题：

有_____条正平线,有_____条侧平线,有_____条水平线；

有_____条正垂线,有_____条侧垂线,有_____条铅垂线；

有_____条一般位置的线。

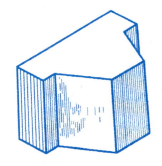

2-21　完成各条直线的三面投影并回答问题。

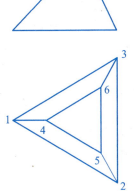

有_____条正平线,有_____条侧平线,有_____条水平线；

有_____条正垂线,有_____条侧垂线,有_____条铅垂线；

有_____条一般位置的线；

46是_____线,14是_____线,56是_____线,25是_____线。

| 第二章　正投影作图基础 | 专业　　　班级　　　姓名　　　学号 |

2-22　补画平面的第三投影并判断其与投影面的相对位置。

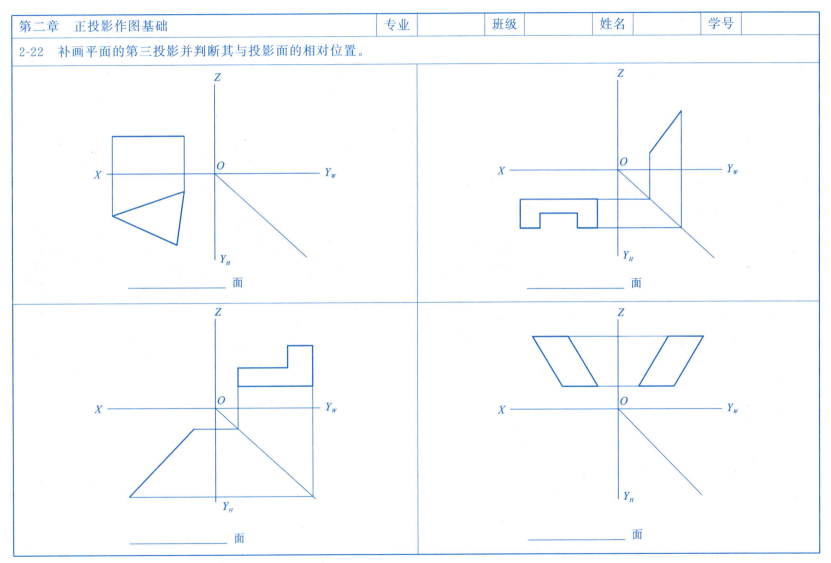

| 第二章　正投影作图基础 | 专业 | 班级 | 姓名 | 学号 |

2-23　据已知条件作出各平面的投影。

(1) 铅垂面 γ＝60°。

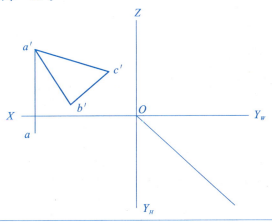

(2) 侧垂面 α＝30°。

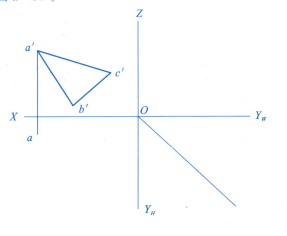

2-24　据已知条件作出各平面的投影。

(1) 作侧平面等边△ABC。

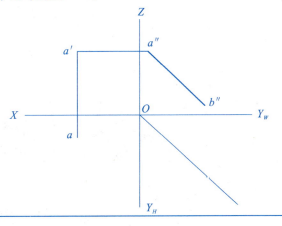

(2) 作△ABC，C 点在 A 点的正前方 20 mm。

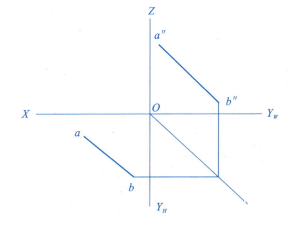

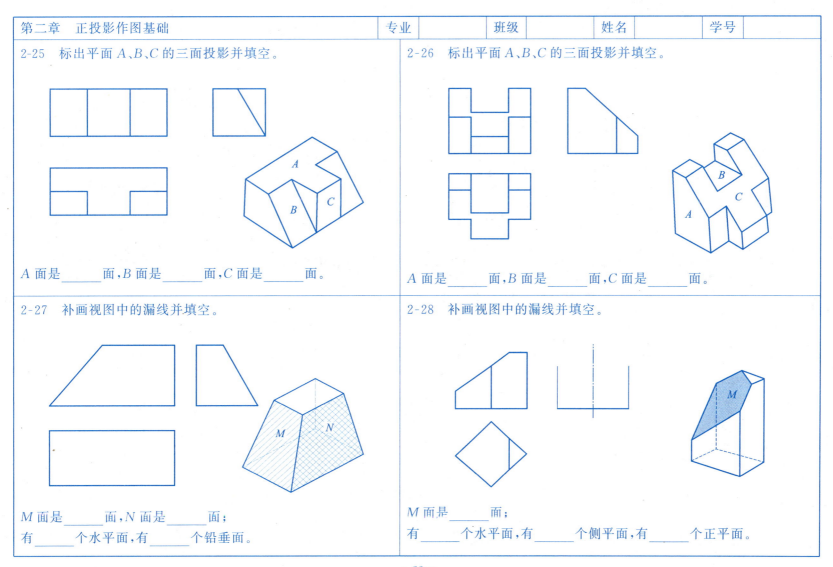

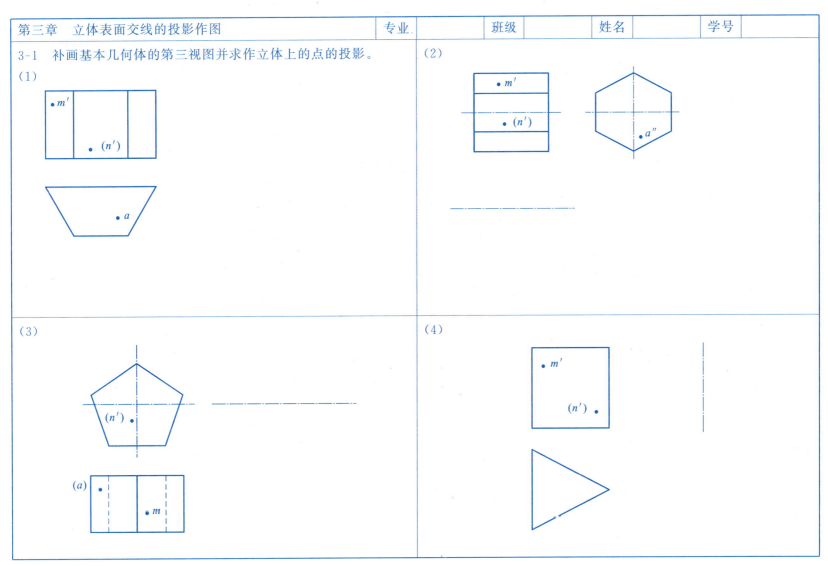

| 第三章　立体表面交线的投影作图 | 专业 | 班级 | 姓名 | 学号 |

3-2　补画基本几何体的第三视图并求作立体上的点的投影。

(1)

(2)

(3)

(4)

| 第三章　立体表面交线的投影作图 | 专业　　　　班级　　　　姓名　　　　学号 |

3-3　补画下面曲面立体的第三视图并求作立体上的点的投影。

(1)

(2)

(3)

(4)

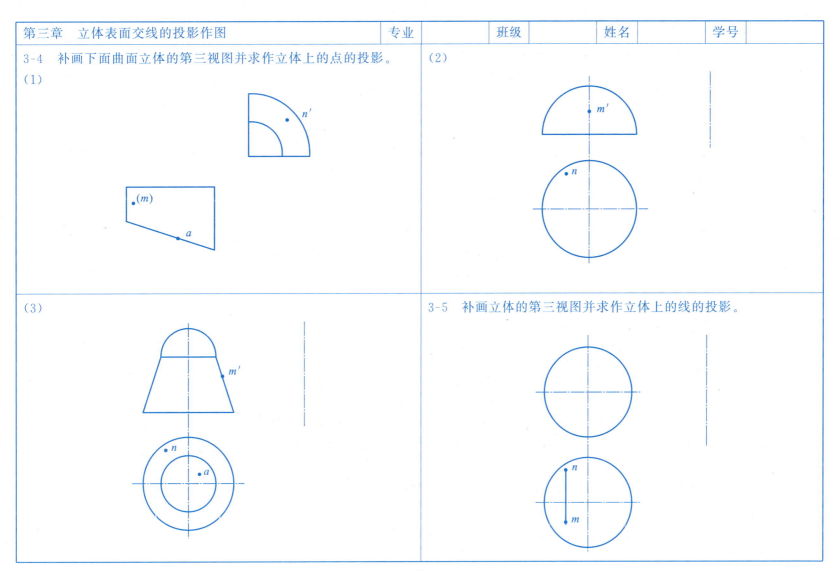

第三章 立体表面交线的投影作图　　专业　　班级　　姓名　　学号

3-6 完成平面立体的截交线。

(1)

(2)

(3)

(4)

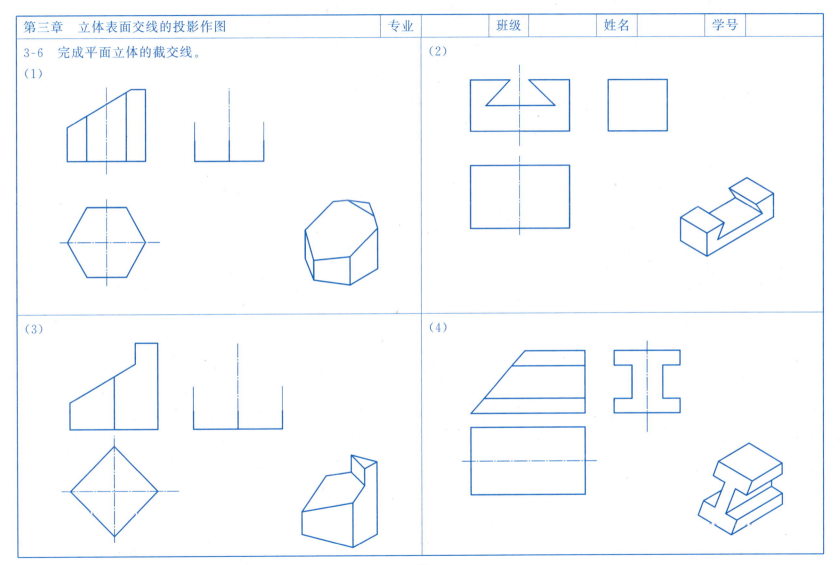

| 第三章　立体表面交线的投影作图 | 专业 | 班级 | 姓名 | 学号 |

3-7　完成平面立体切割后的三面投影。

(1)

(2)

(3)

(4)

第三章 立体表面交线的投影作图

3-8 完成平面立体切割后的三面投影。

(1) (2) (3) (4)

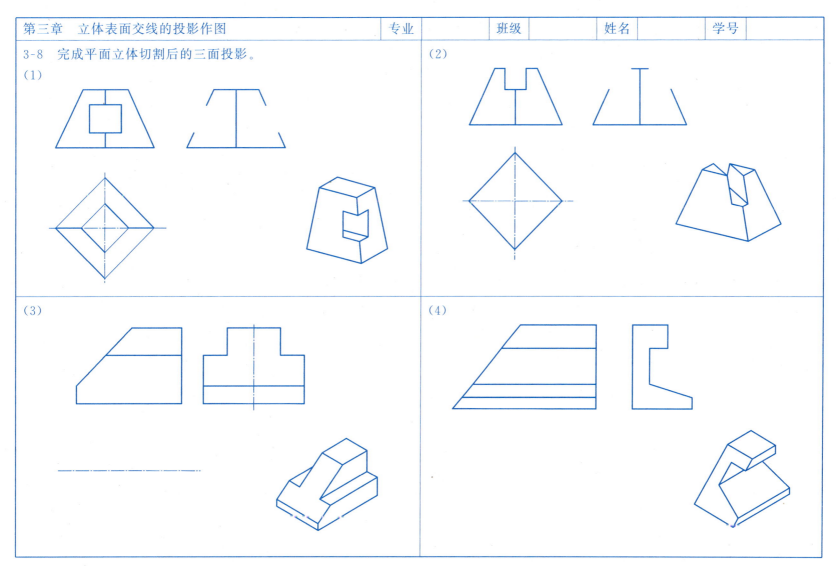

| 第三章 立体表面交线的投影作图 | 专业 | 班级 | 姓名 | 学号 |

3-9 完成下列曲面立体的三面投影。

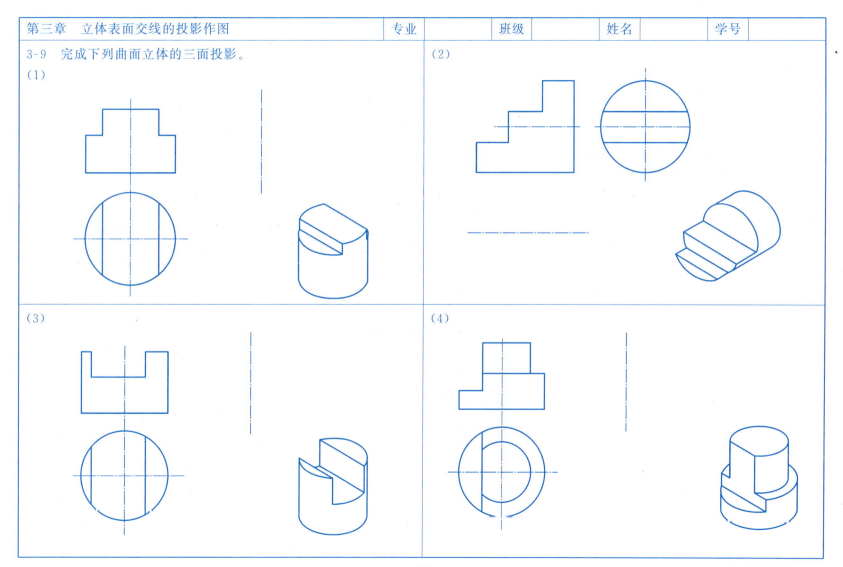

| 第三章　立体表面交线的投影作图 | 专业　　　班级　　　姓名　　　学号 |

3-10　完成下列曲面立体的三面投影。

(1)

(2)

(3)

(4)

| 第三章　立体表面交线的投影作图 | 专业　　　班级　　　姓名　　　学号 |

3-11　完成下列曲面立体的三面投影。

(1)

(2)

(3)

(4)

| 第三章　立体表面交线的投影作图 | 专业　　　班级　　　姓名　　　学号 |

3-12 补画视图中的漏线。

(1)

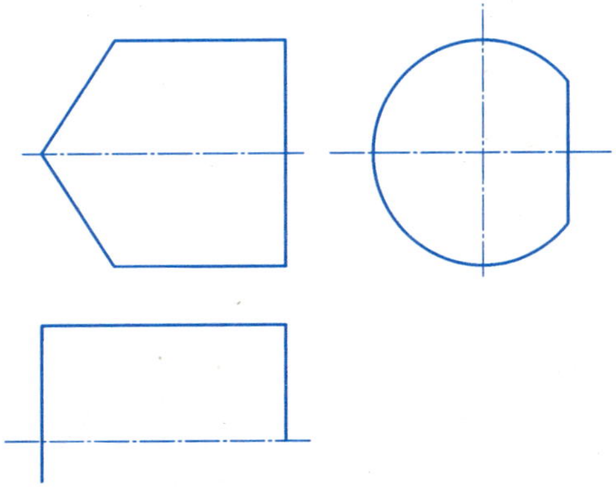

(2)

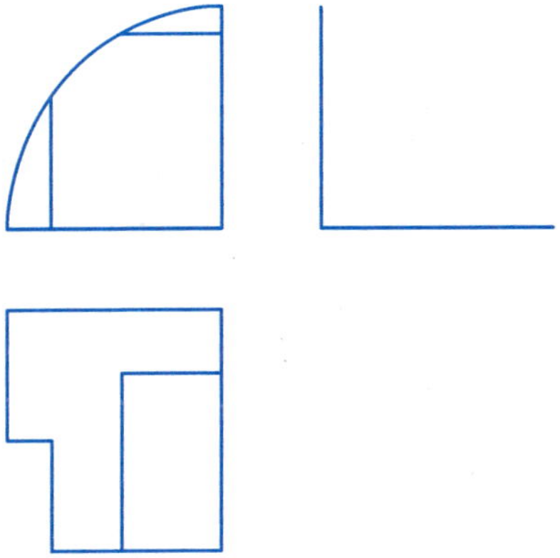

(3)

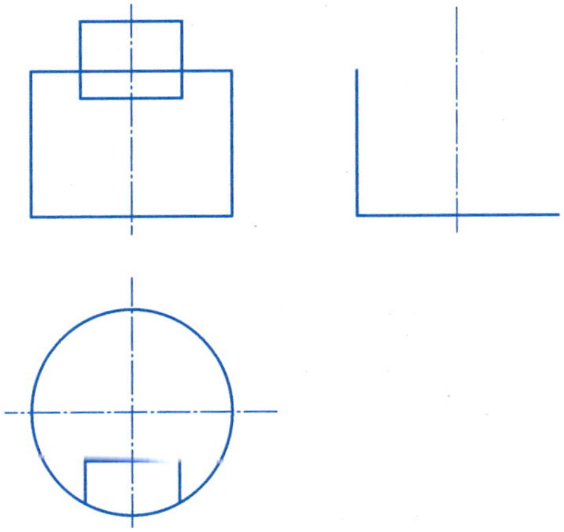

(4)

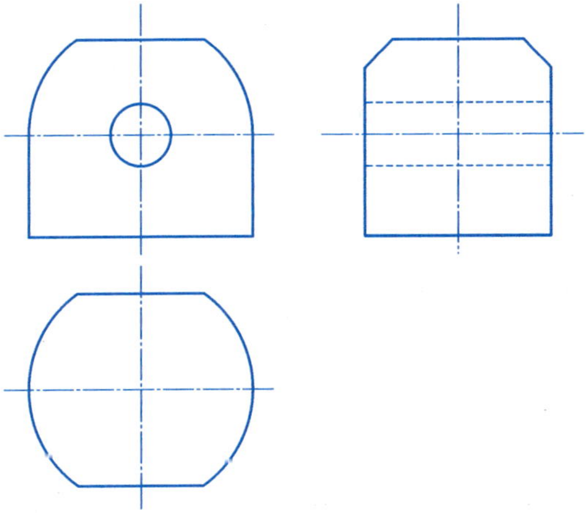

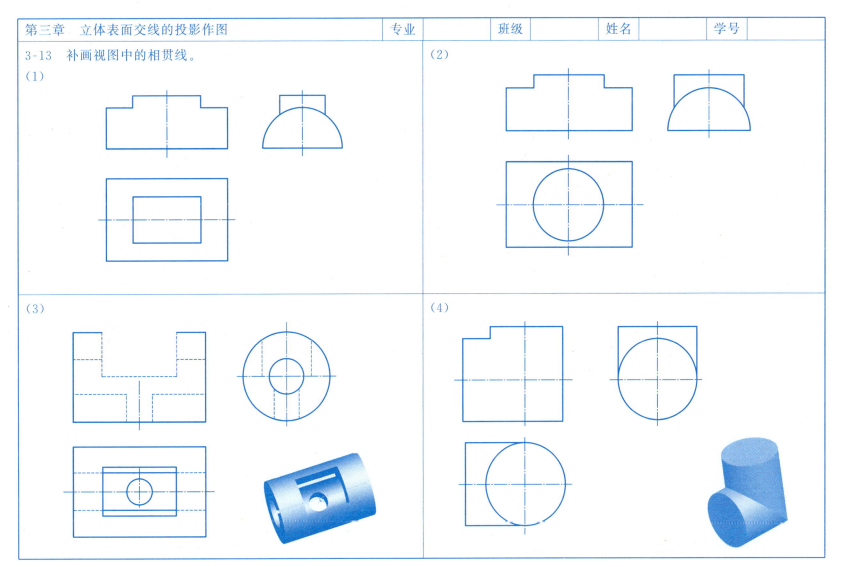

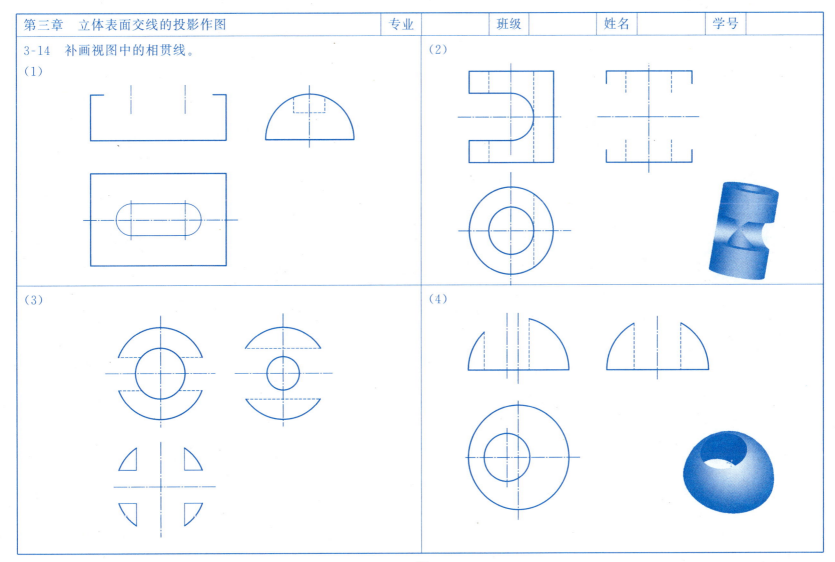

| 第三章 立体表面交线的投影作图 | 专业 | 班级 | 姓名 | 学号 |

3-15 补画视图中的漏线。

(1)

(2)

(3)

(4)

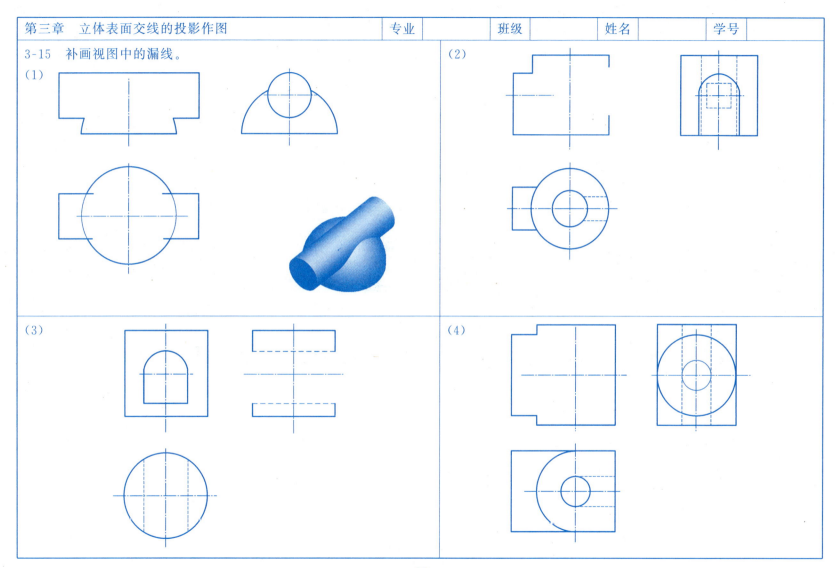

| 第三章　立体表面交线的投影作图 | 专业　　　班级　　　姓名　　　学号 |

3-16　选择正确的左视图。

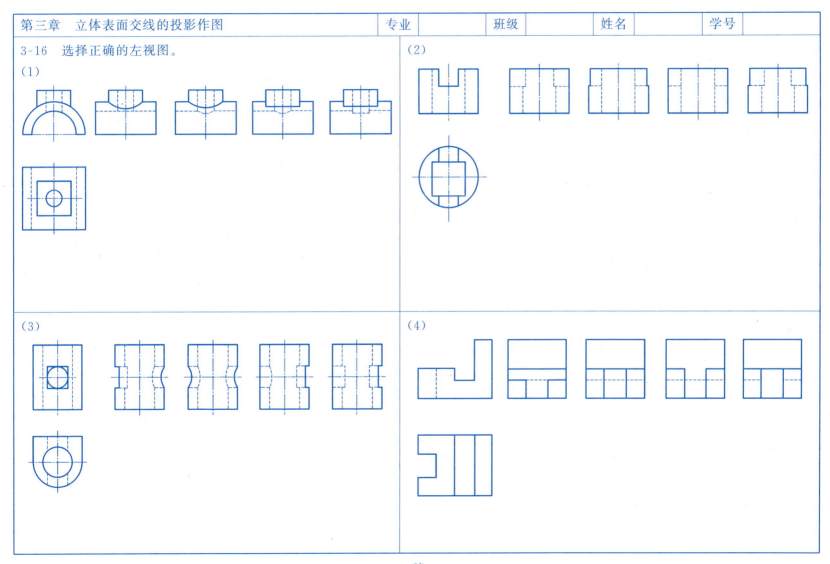

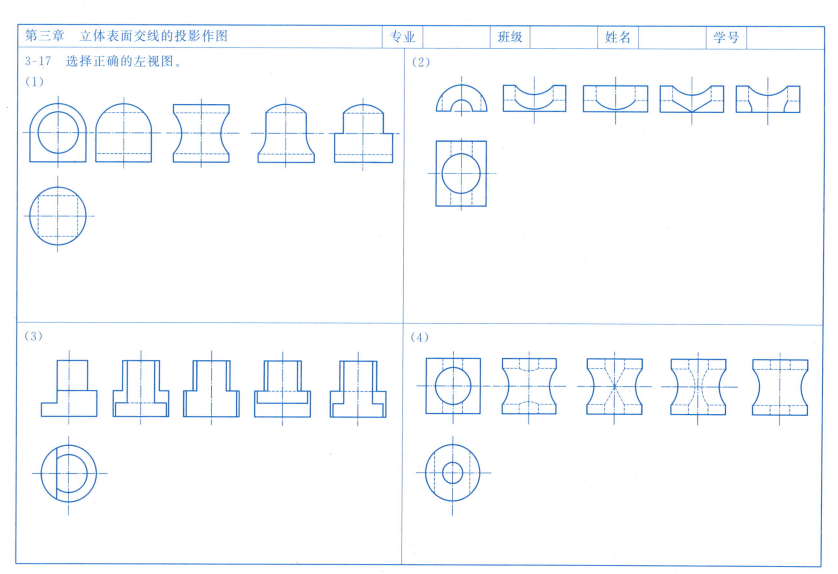

| 第四章　轴测图 | 专业　　　 | 班级　　　 | 姓名　　　 | 学号 |

4-1　由给定的视图画出正等轴测图。

(1)

(2)

(3)

(4)

| 第四章 轴测图 | 专业 | 班级 | 姓名 | 学号 |

4-2 由给定的视图画出正等轴测图。

(1)

(2)

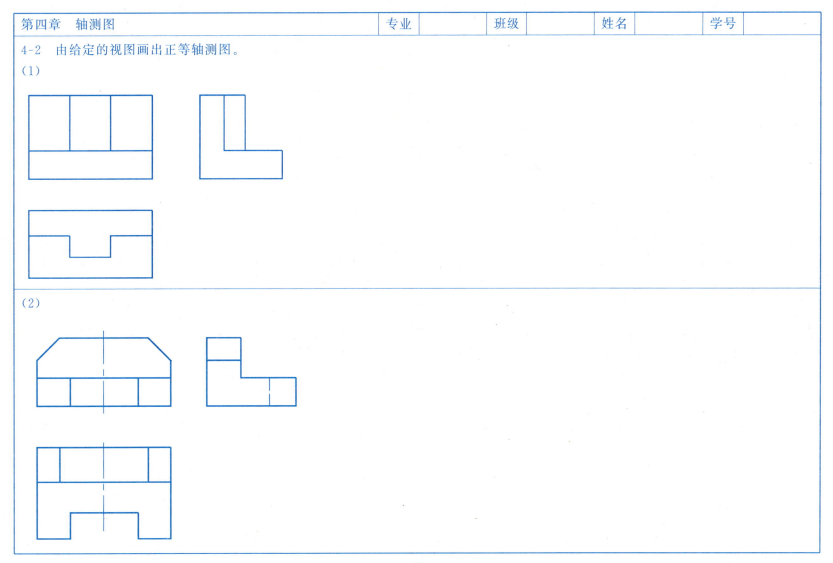

| 第四章　轴测图 | | 专业　　　　　班级　　　　　姓名　　　　　学号 |

4-3　由给定的视图画出正等轴测图。

(1)

(2)

(3)

(4)

| 第四章　轴测图 | 专业　　　班级　　　姓名　　　学号 |

4-4　由给定的视图画出斜二轴测图。

(1)

(2)

(3)

(4)

第四章 轴测图		专业		班级		姓名		学号	

4-5 由给定的视图画出斜二轴测图并补画第三视图。

(1)

(2)

| 第四章 轴测图 | 专业 | 班级 | 姓名 | 学号 |

4-6 由给定的视图选择合适的方法画出轴测图并完成第三视图。

(1)

(2)

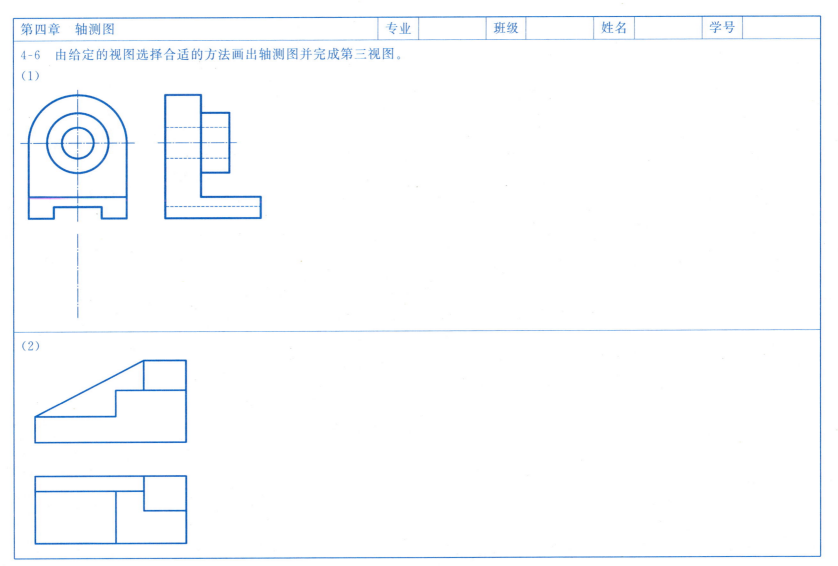

| 第四章 轴测图 | 专业 | 班级 | 姓名 | 学号 |

4-7 由给定的视图选择合适的方法画出轴测图并完成第三视图。

(1)

(2)

第四章 轴测图		专业	班级	姓名	学号

4-8 由给定的视图选择合适的方法画出轴测图并完成第三视图。

(1)

(2)

| 第五章　组合体 | 专业 | 班级 | 姓名 | 学号 |

5-1　补画切割型组合体视图中的漏线并完成轴测图。

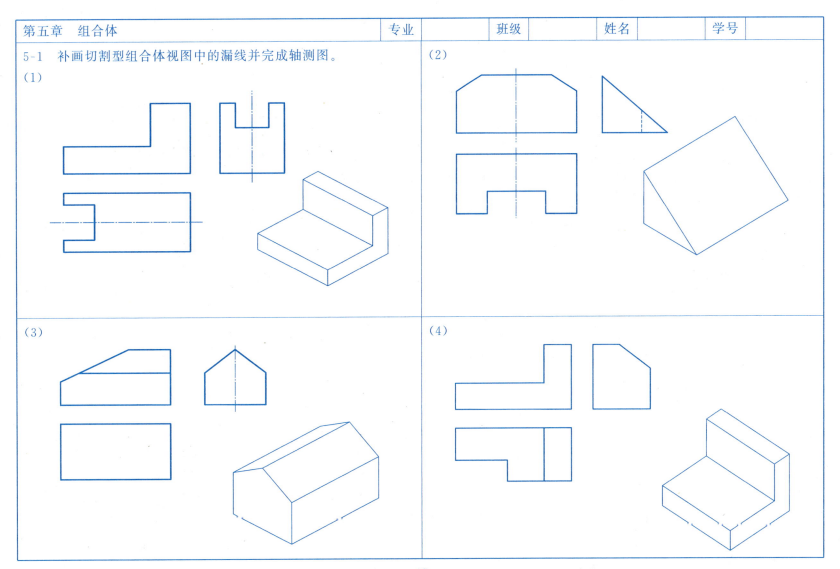

| 第五章 组合体 | 专业 | 班级 | 姓名 | 学号 |

5-2 补画切割型组合体视图中的漏线并完成轴测图。

(1) (2) (3) (4)

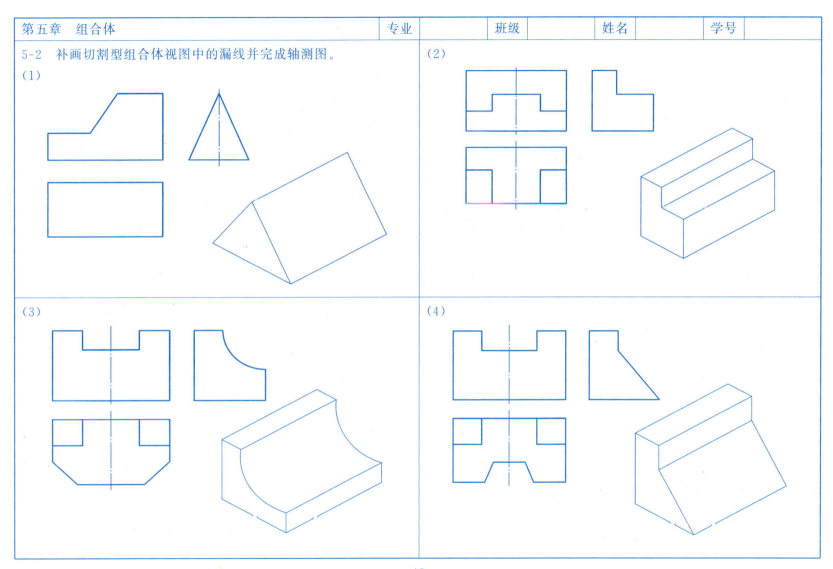

| 第五章 组合体 | 专业 | 班级 | 姓名 | 学号 |

5-3 补画切割型组合体视图中的漏线并完成轴测图。

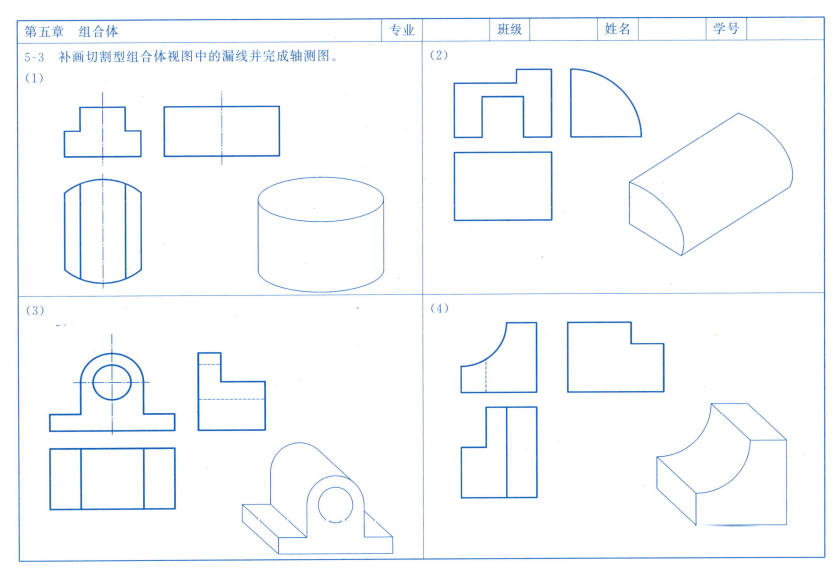

第五章 组合体

5-4 参考轴测图补画切割型组合体视图中的漏线。

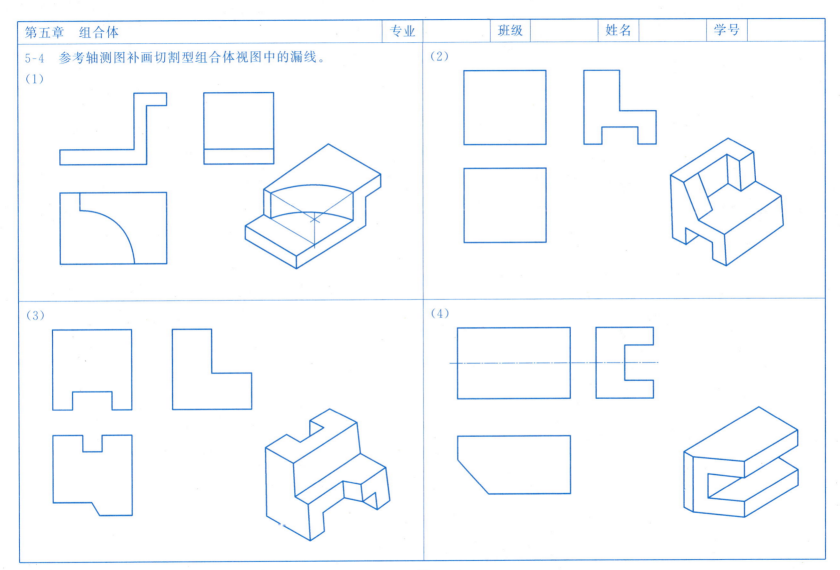

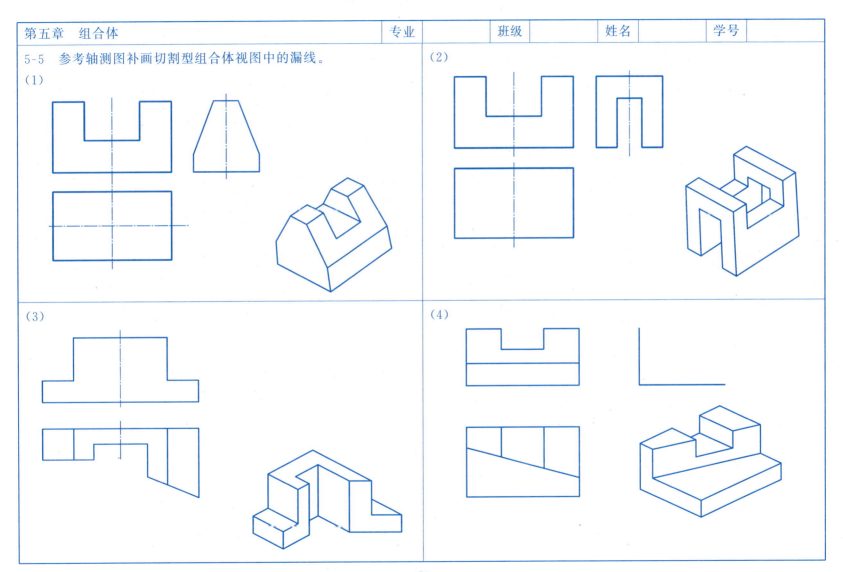

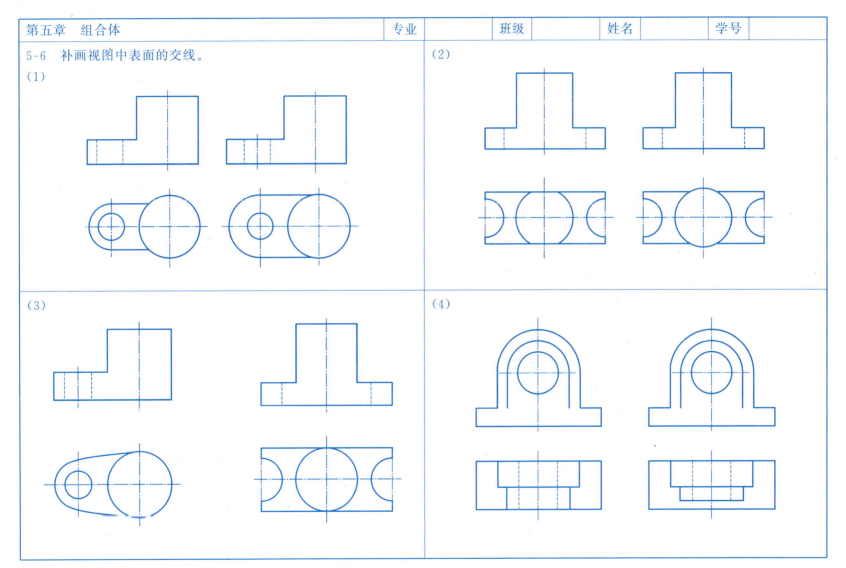

| 第五章 组合体 | 专业 | 班级 | 姓名 | 学号 |

5-7 补画综合型组合体视图中的漏线并完成轴测图。

(1)

(2)

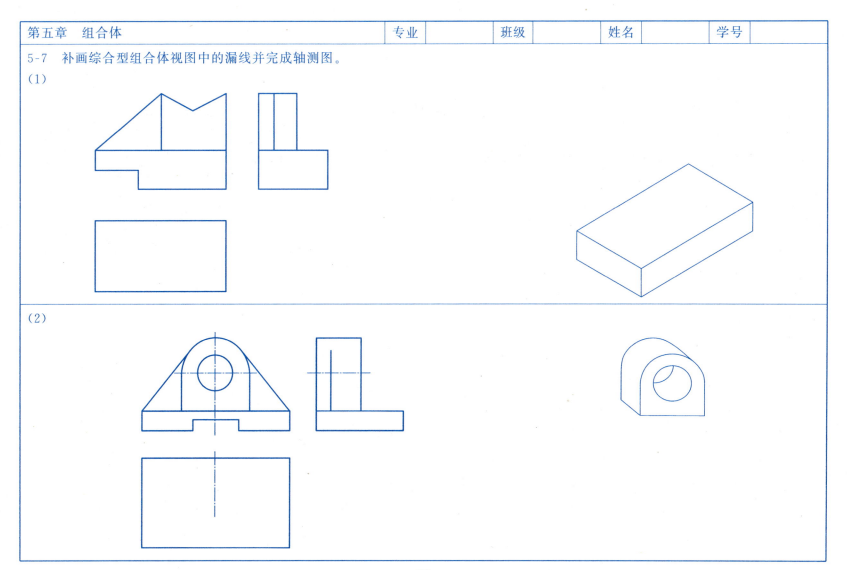

| 第五章 组合体 | 专业 | 班级 | 姓名 | 学号 |

5-8 补画综合型组合体视图中的漏线并完成轴测图。

(1)

(2)

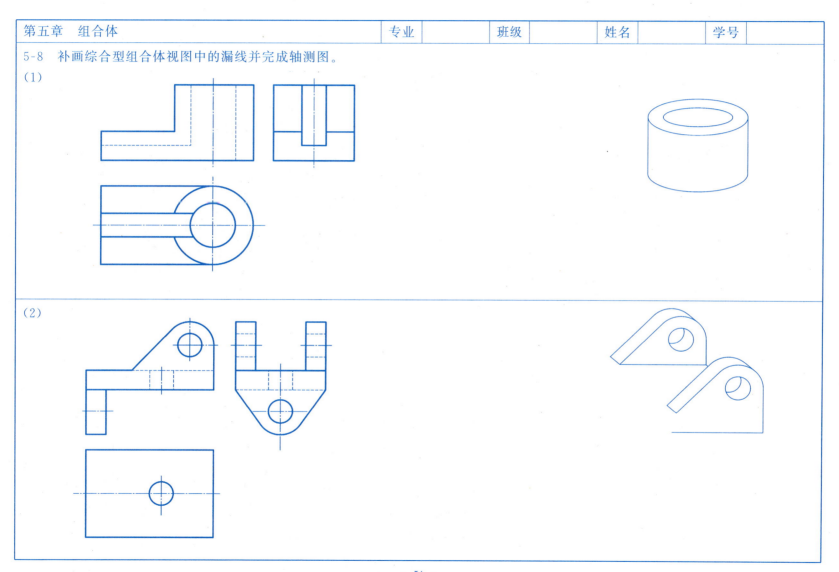

| 第五章　组合体 | 专业 | 班级 | 姓名 | 学号 |

5-9 完成组合体的尺寸标注并标出三个方向的尺寸基准（尺寸从图中量取，取整数）。

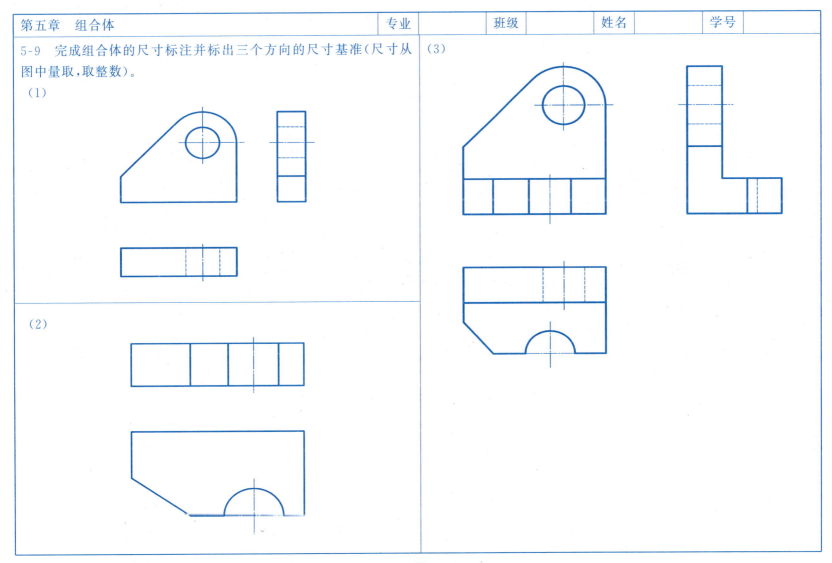

| 第五章　组合体 | 专业 | 班级 | 姓名 | 学号 |

5-10　完成组合体的尺寸标注并标出三个方向的尺寸基准（尺寸从图中量取，取整数）。

(1)

(2)

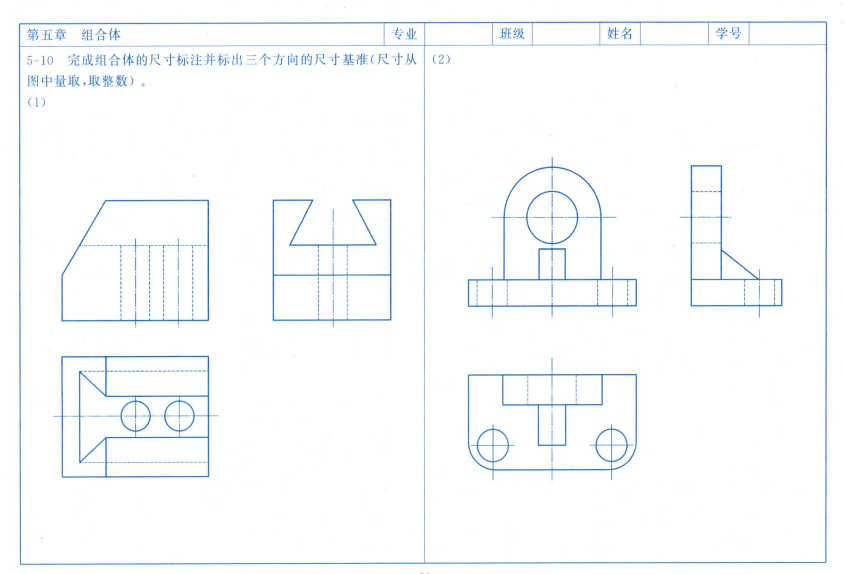

| 第五章　组合体 | 专业 | 班级 | 姓名 | 学号 |

5-11　根据轴测图在 A4 图纸上按 1:1 比例完成三视图并标注尺寸。

(1)

(2)

| 第五章　组合体 | 专业 | 班级 | 姓名 | 学号 |

5-12　根据轴测图在 A4 图纸上按 1:1 比例完成三视图并标注尺寸（尺寸在图中量取，取整数）。

(1)

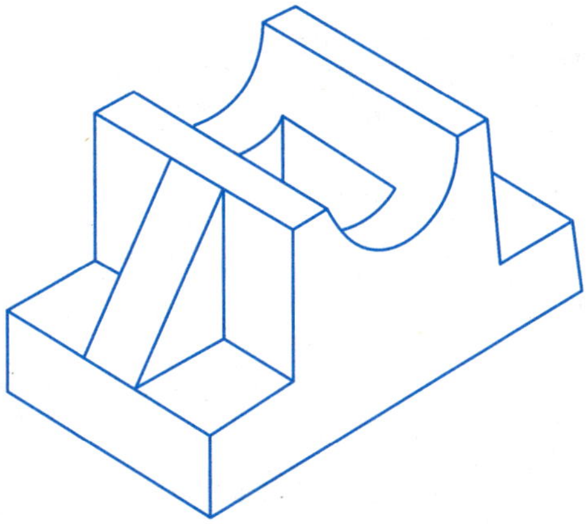

(2)

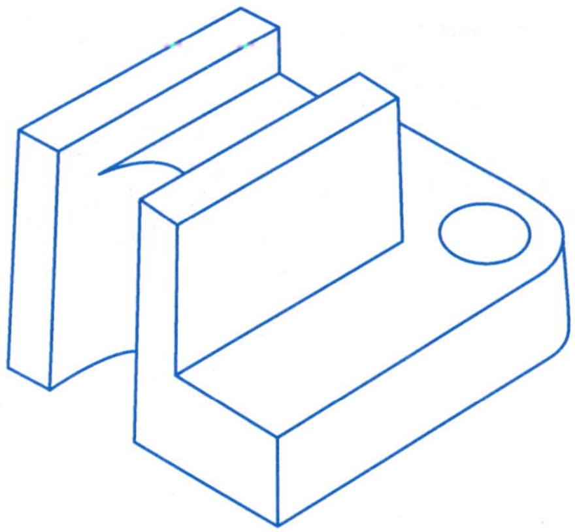

| 第五章　组合体 | 专业　　　　　班级　　　　　姓名　　　　　学号 |

5-13 根据给定的视图补画第三视图(至少给出两个答案)。

(1)

(2)

| 第五章　组合体 | 专业　　　班级　　　姓名　　　学号 |

5-14 根据给定的视图补画第三视图(至少给出两个答案)。

(1)

(2)

| 第五章　组合体 | 专业 | 班级 | 姓名 | 学号 |

5-15　根据给定的视图补画第三视图(至少给出两个答案)。

(1)

(2)

| 第五章 组合体 | 专业 | 班级 | 姓名 | 学号 |

5-16 由给定的俯视图设计组合体并完成其他两个视图及轴测图。

| 第五章　组合体 | 专业 | 班级 | 姓名 | 学号 |

5-17　由给定的主视图设计组合体并完成其他两个视图及轴测图。

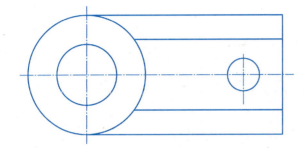

| 第五章　组合体 | 专业 | 班级 | 姓名 | 学号 |

5-18　设计一个零件，使其能够完全吻合地分别通过一块板上三个不同形状的孔，画出该零件的三视图及轴测图。

| 第五章　组合体 | 专业 | 班级 | 姓名 | 学号 |

5-19　根据两视图补画第三视图。

(1)

(2)

(3)

(4)

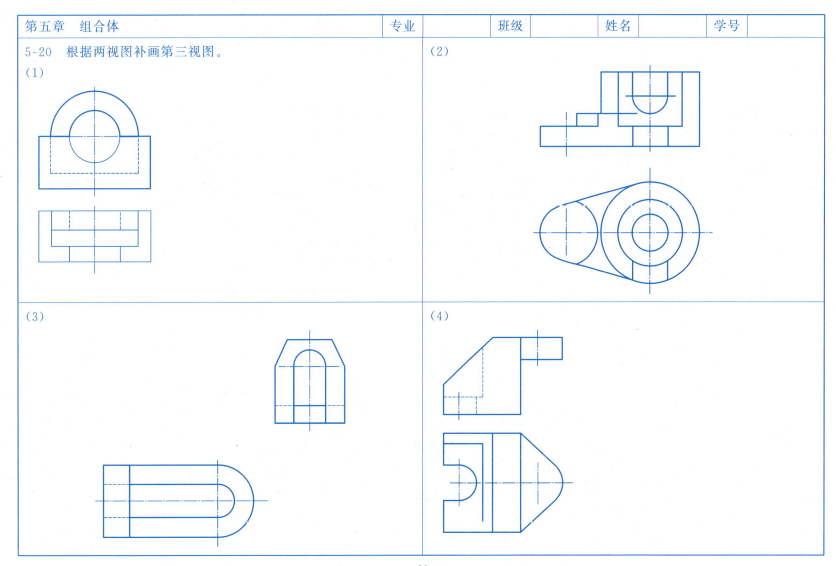

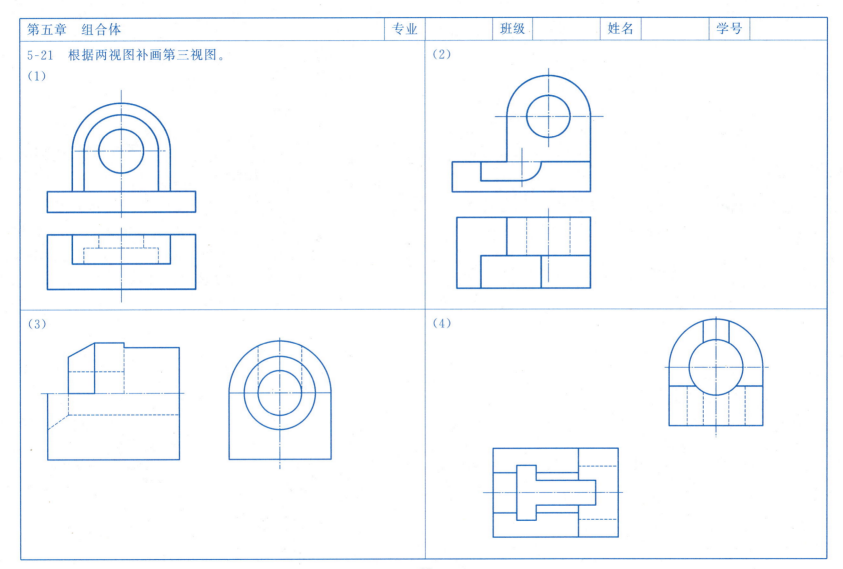

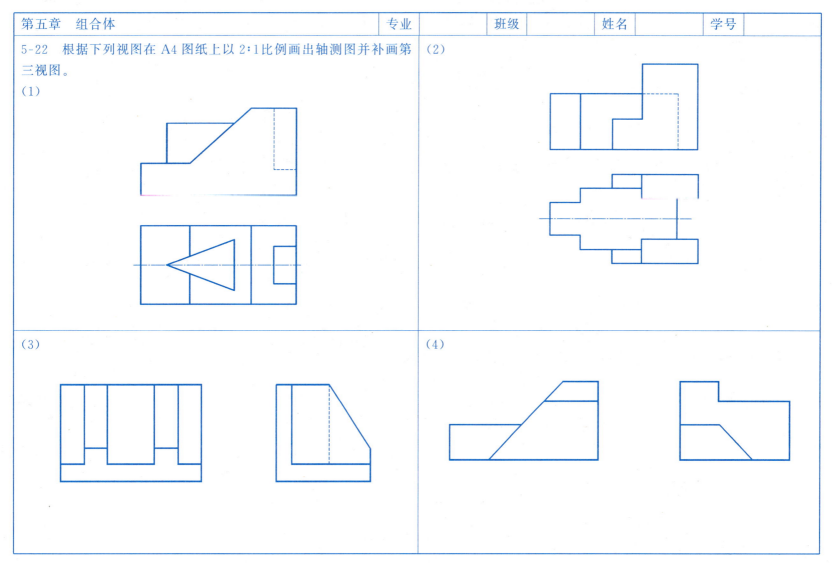

| 第五章　组合体 | 专业　　　　班级　　　　姓名　　　　学号 |

5-23　根据下列视图在 A4 图纸上以 2:1 比例画出轴测图并补画第三视图。

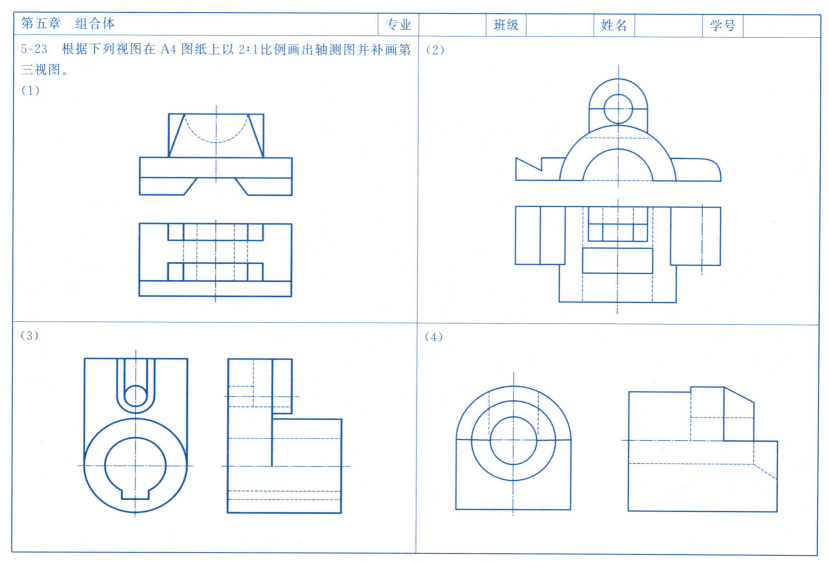

第六章　机械图样的基本表示法	专业	班级	姓名	学号

6-1　根据主视图、俯视图补全其他几个基本视图。

(1)

(2)

| 第六章　机械图样的基本表示法 | 专业 | 班级 | 姓名 | 学号 |

6-2　根据轴测图画出它的六个基本视图(尺寸从图中量取,取整数)。

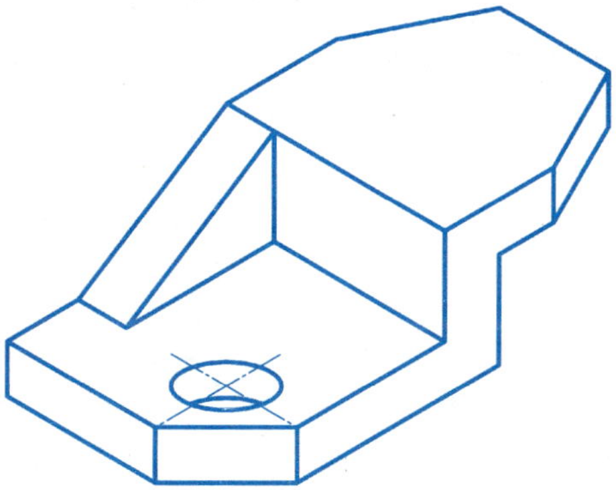

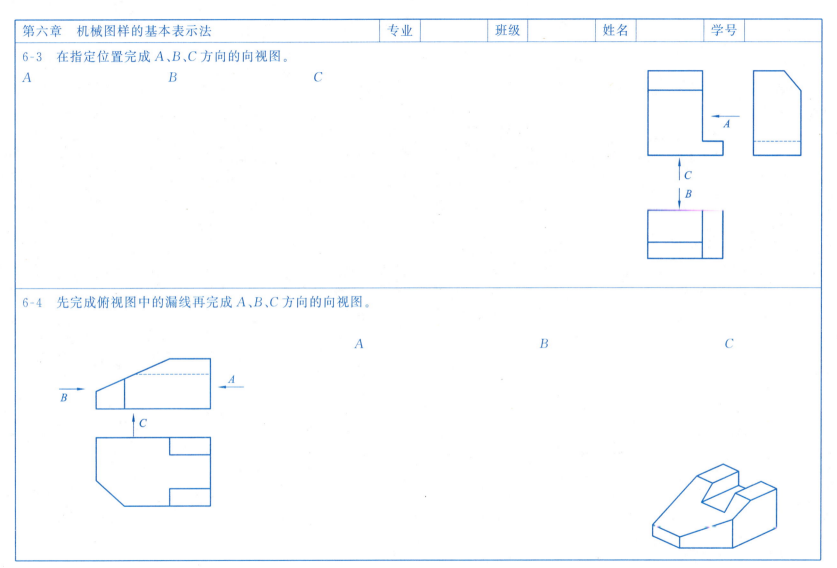

| 第六章 机械图样的基本表示法 | 专业 | 班级 | 姓名 | 学号 |

6-5 参考轴测图补画局部视图和斜视图,将机件形状表达清楚。

(1)

(2)

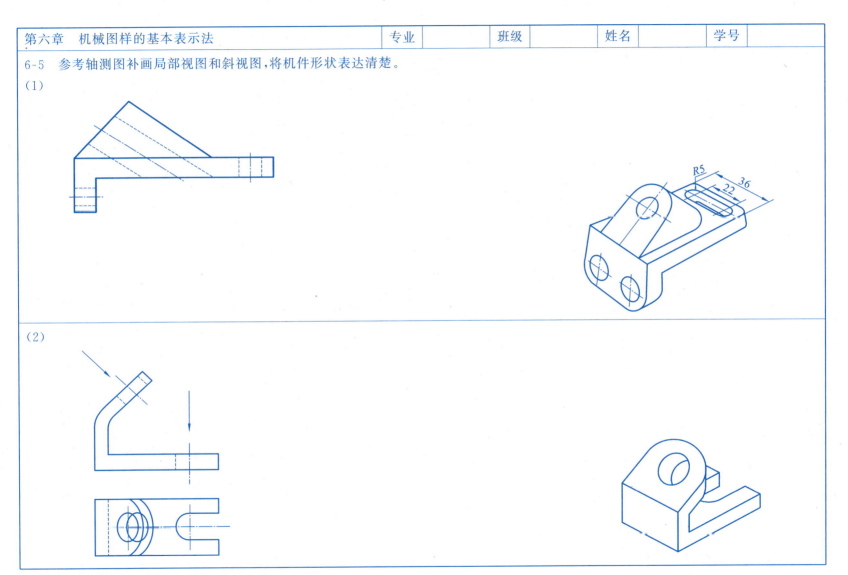

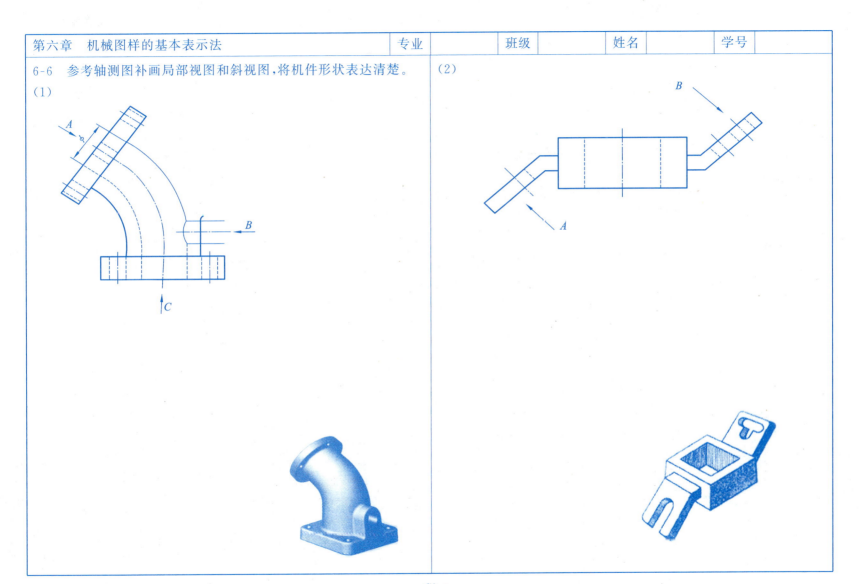

| 第六章　机械图样的基本表示法 | 专业 | 班级 | 姓名 | 学号 |

6-7 分析视图中的错误，在指定的位置作出正确的剖视图。

(1)

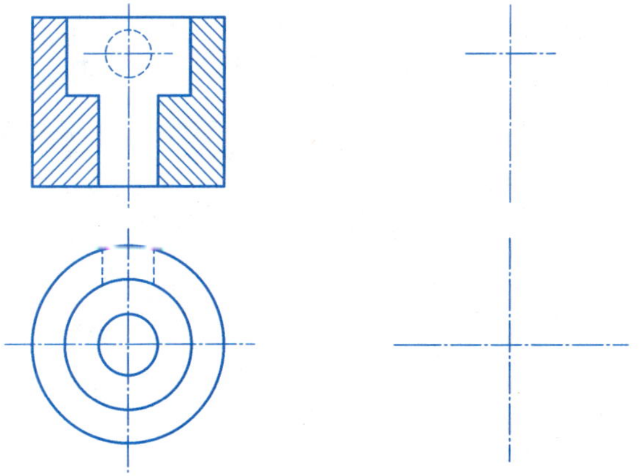

(2)

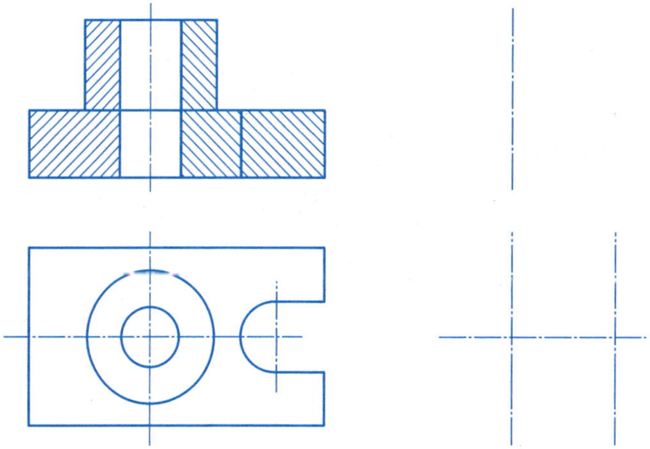

(3)

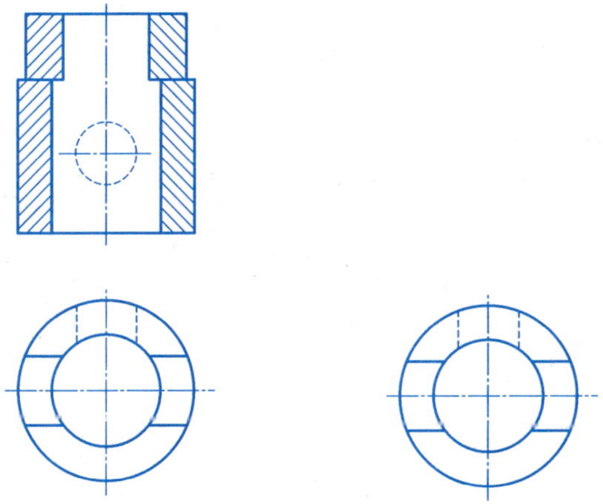

(4)

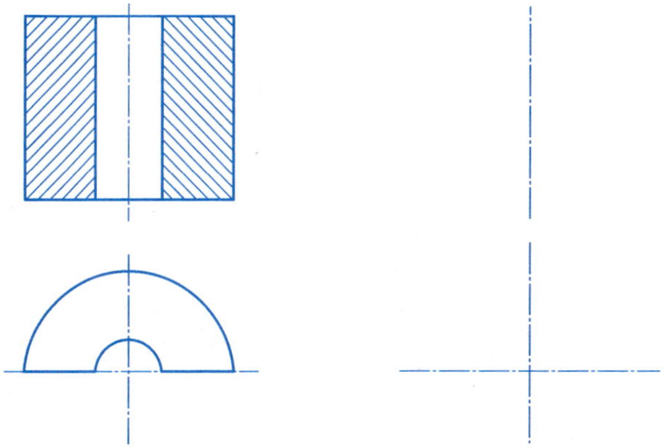

| 第六章 机械图样的基本表示法 | 专业 | 班级 | 姓名 | 学号 |

6-8 参考轴测图将主视图改成全剖视图。

(1)

(2)

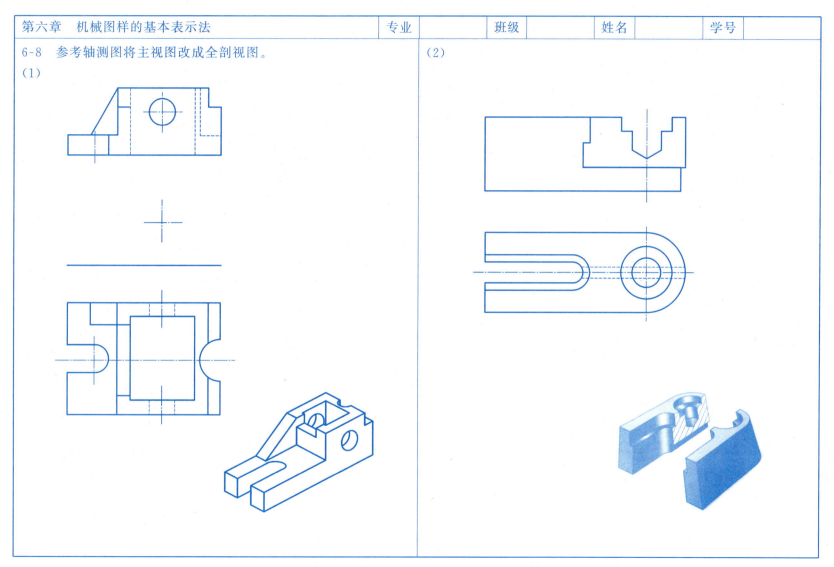

| 第六章　机械图样的基本表示法 | 专业 | 班级 | 姓名 | 学号 |

6-9　将主视图改成全剖视图。

(1)

(2)

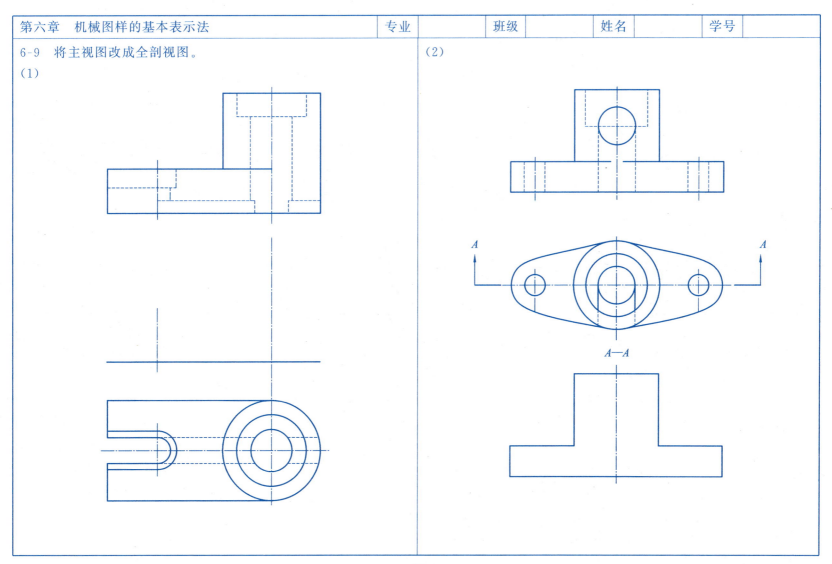

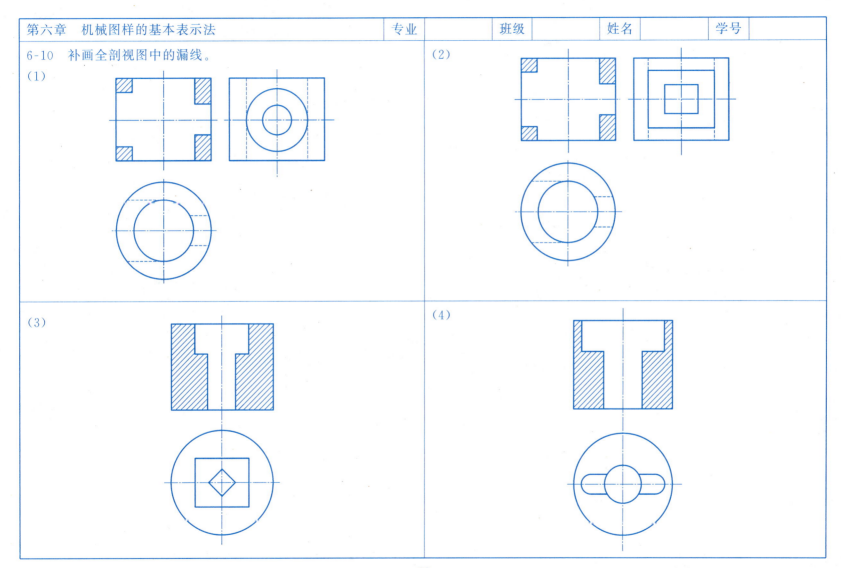

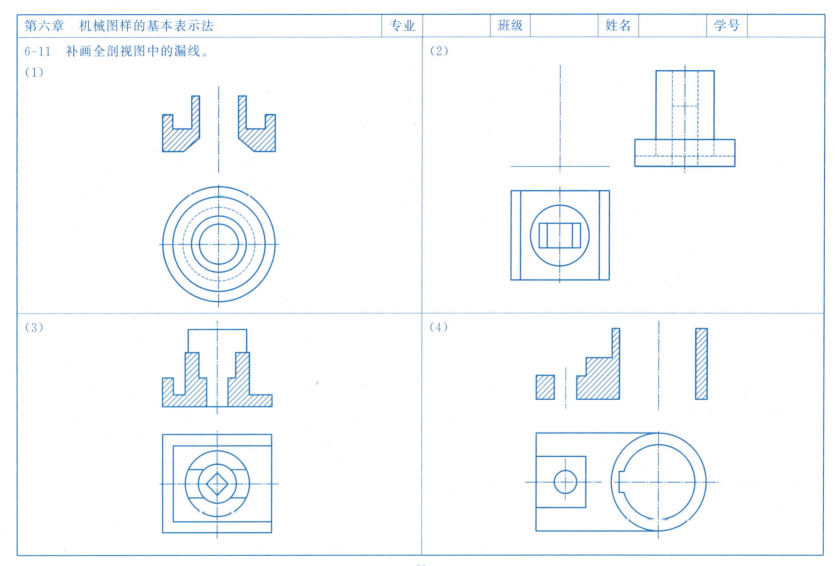

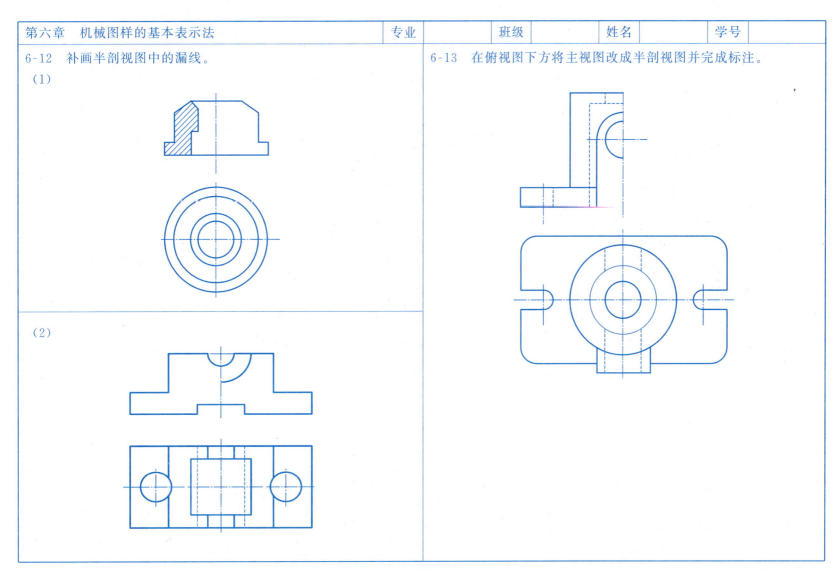

6-14 将主视图改成半剖视图,补画全剖的左视图。

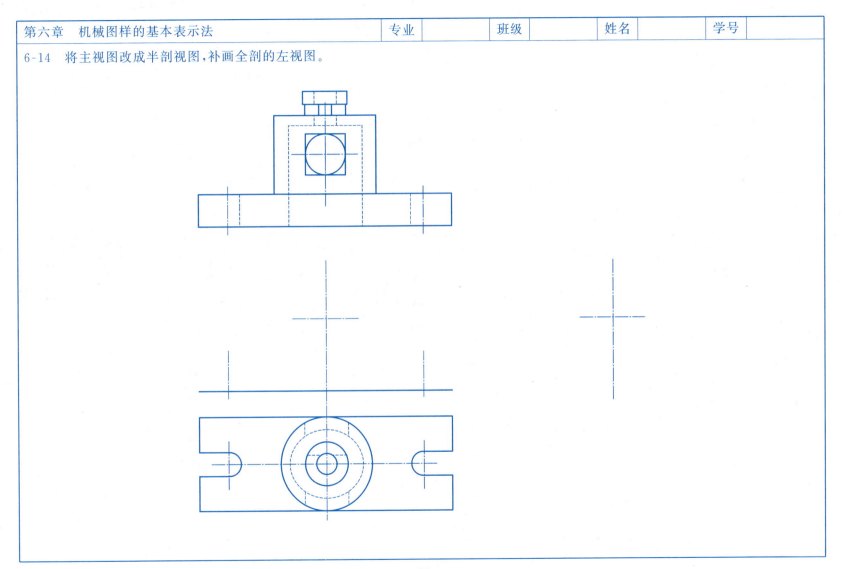

第六章　机械图样的基本表示法　　　　专业　　　班级　　　姓名　　　学号

6-15　将主视图改成半剖视图，补画全剖的左视图。

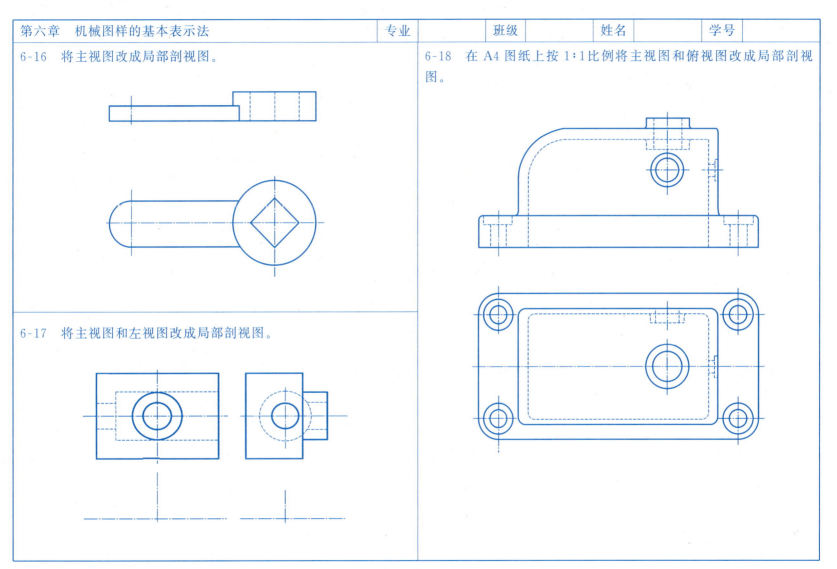

第五章　组合体		专业		班级		姓名		学号	

6-19　在俯视图的下方将主视图按要求改成剖视图。

6-20　将主视图按要求改成剖视图。

| 第六章　机械图样的基本表示法 | 专业 | 班级 | 姓名 | 学号 |

6-21　根据下列视图画出其移出断面图（键槽深 4 mm，右边为双面平面）。

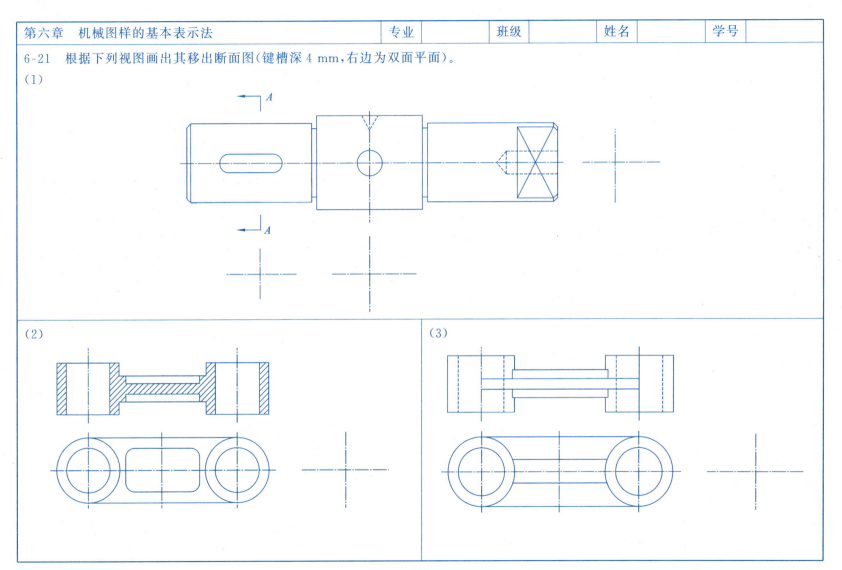

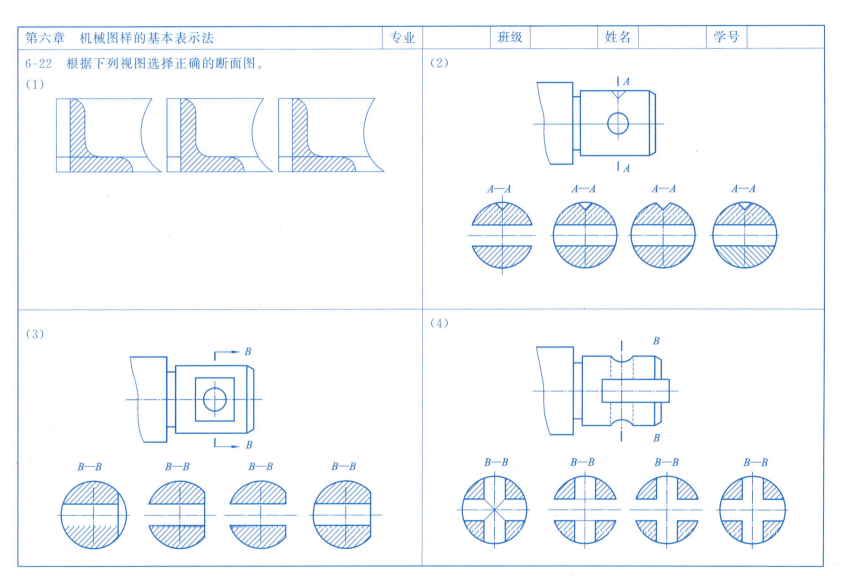

第六章 机械图样的基本表示法

6-23 在下图中选择正确的一组视图。
(1)
(2)

6-24 选择正确的剖视图。
(1)
(2)

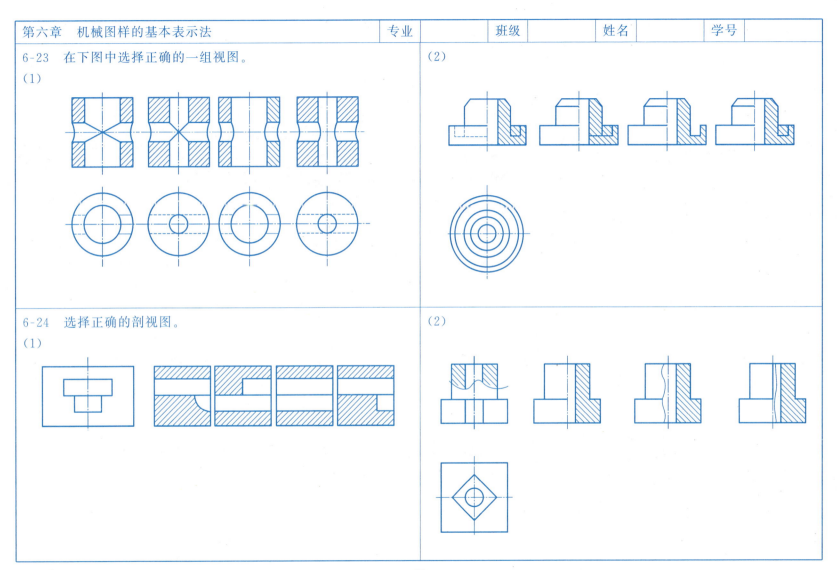

第六章　机械图样的基本表示法

6-25　选择正确的剖视图。

(1)

(2)

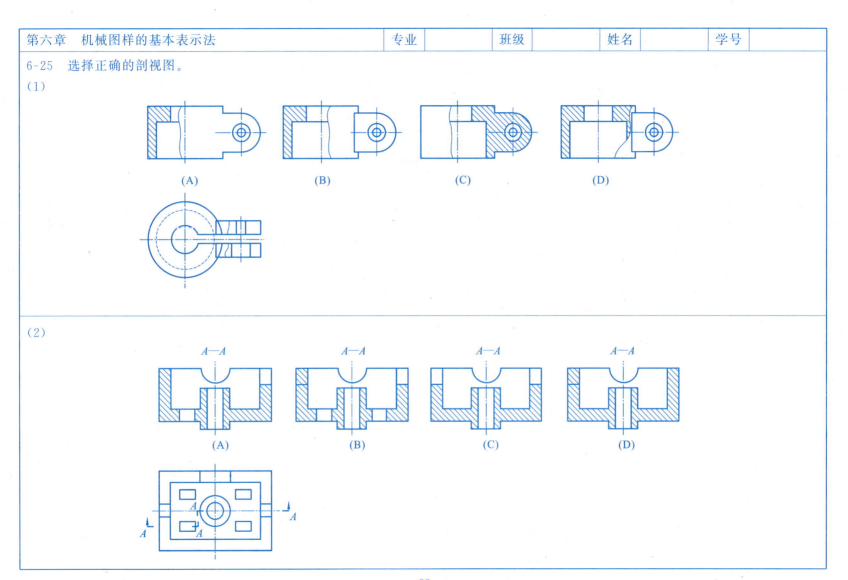

第六章 机械图样的基本表示法　　　　专业　　　班级　　　姓名　　　学号

6-26 选择正确的剖视图。

(1)

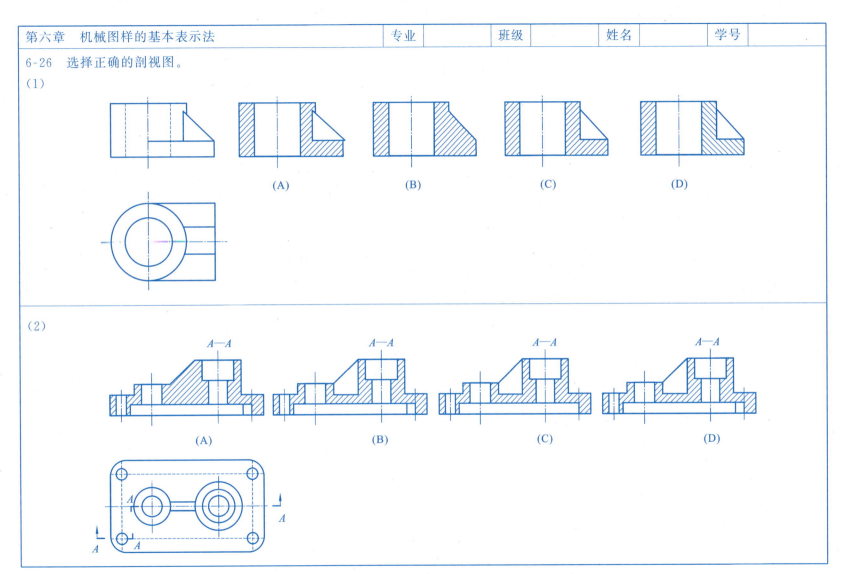

(2)

第六章 机械图样的基本表示法

6-27 采用第三角画法补画所缺的视图并画出轴测图。

(1)

(2)

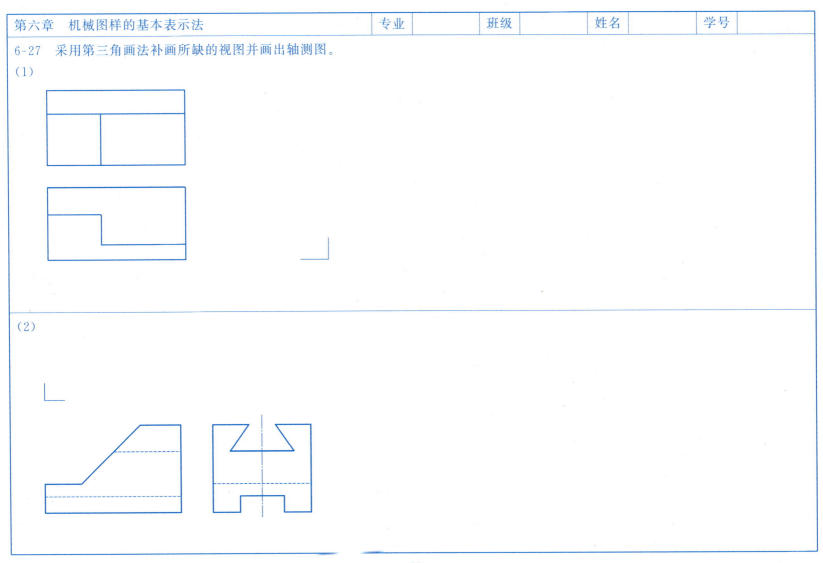

第六章 机械图样的基本表示法

6-28 采用第三角画法补画所缺的视图并画出轴测图。

(1)

(2)

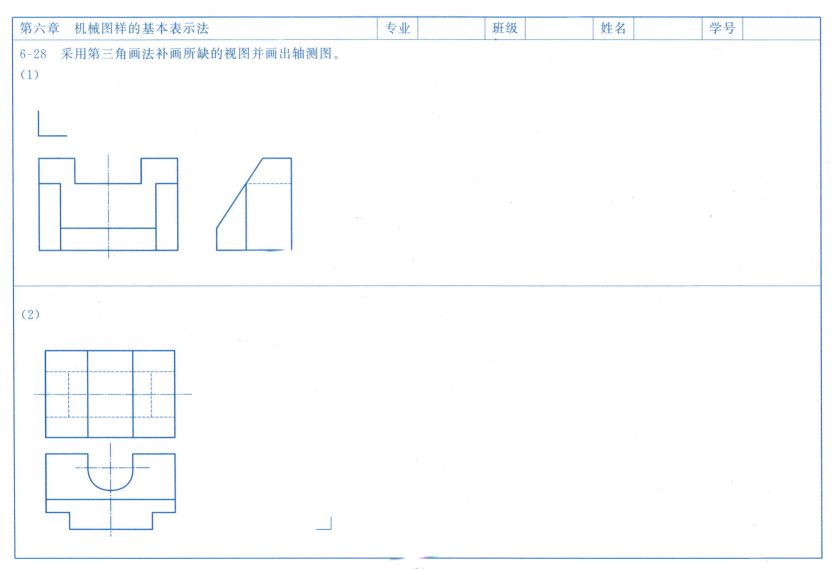

| 第六章 机械图样的基本表示法 | 专业 | 班级 | 姓名 | 学号 |

6-29 采用第三角画法补画所缺的视图并画出轴测图。

(1)

(2)

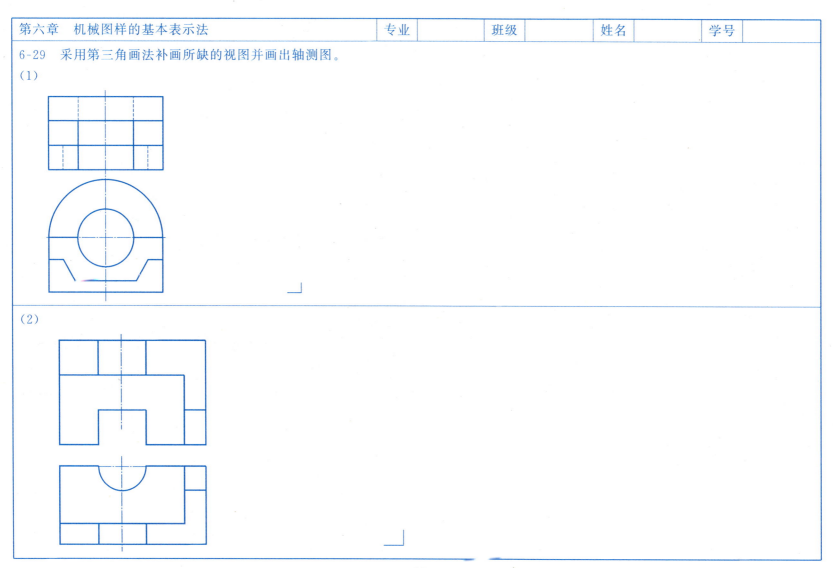

| 第七章　机械图样中的特殊表示法 | 专业 | 班级 | 姓名 | 学号 |

7-1 根据螺纹的规定画法补画出视图中的螺纹（螺纹长 40 mm）。

(1)　　　　　　　　　　　　　　　　　　(2)

7-2 根据螺纹的规定画法将视图中的错误改在指定的位置并补画视图。

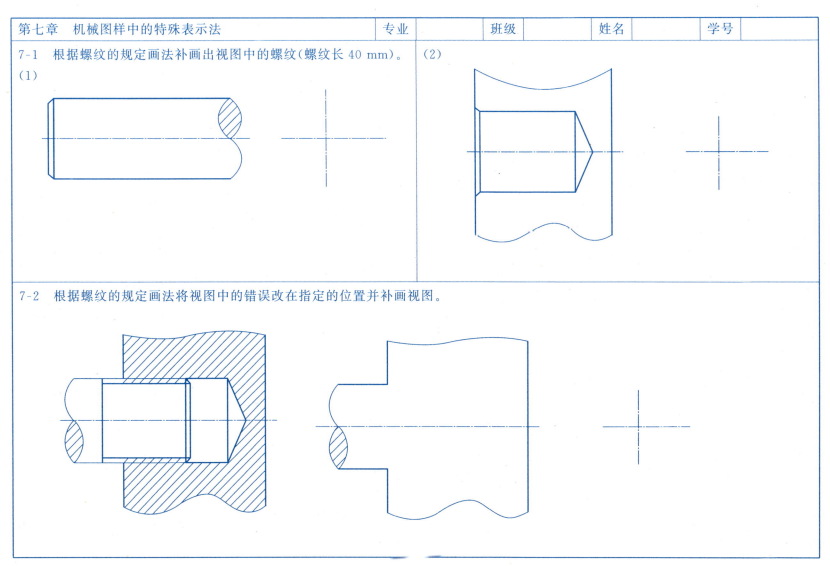

第七章 机械图样中的特殊表示法

7-3 完成下表中螺纹标记的含义。

螺纹标记	螺纹种类	公称直径	螺距	导程	线数	旋向	内、外螺纹	公差带代号
M10-6H								
M16×1-5g6g-S-LH								
M20×3(P1.5)-6g								
B32×6-LH-7e								
Tr32×12(P6)LH-8H								
Tr48×6-7e								
B42×12(P4)-LH-8c-L								

螺纹标记	螺纹种类	尺寸代号	螺距	旋向	公差等级	内外螺纹
G1A-LH						
R1 1/2						
Rp 2						
R2 1/4						
Rc 3/8-LH						

| 第七章 机械图样中的特殊表示法 | 专业 | 班级 | 姓名 | 学号 |

7-4 按要求完成螺纹的标注

(1) 普通粗牙螺纹,大径 24,P 为 3,左旋,中、顶径公差带代号均为 7h,螺纹长度为 40。

(2) 普通细牙螺纹,大径 16,P 为 1,右旋,螺纹长度为 30,光孔长为 40。

(3) 梯形螺纹,大径为 6,双线,P 为 3,右旋,公差带代号为 7e。

(4) 55°密封管螺纹,尺寸代号为 3/4,螺纹长度为 30。

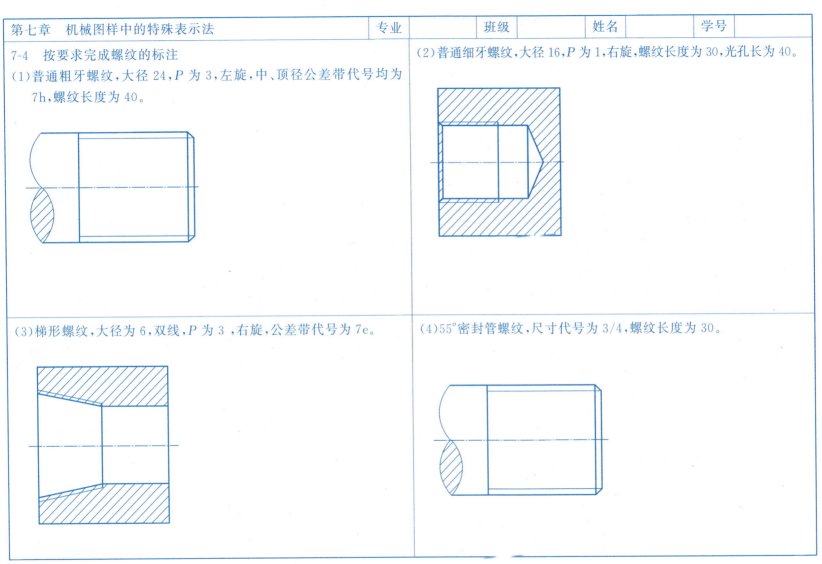

| 第七章　机械图样中的特殊表示法 | 专业 | 班级 | 姓名 | 学号 |

7-5　按 1∶1 比例画出螺栓装配图:已知螺栓(GB/T5782—2000) M16×L,螺母(GB/T6170—2000)M16,垫圈(GB/T97.1) 16 ,连接件厚度从图中量取(主视图画全剖,其他不剖)。

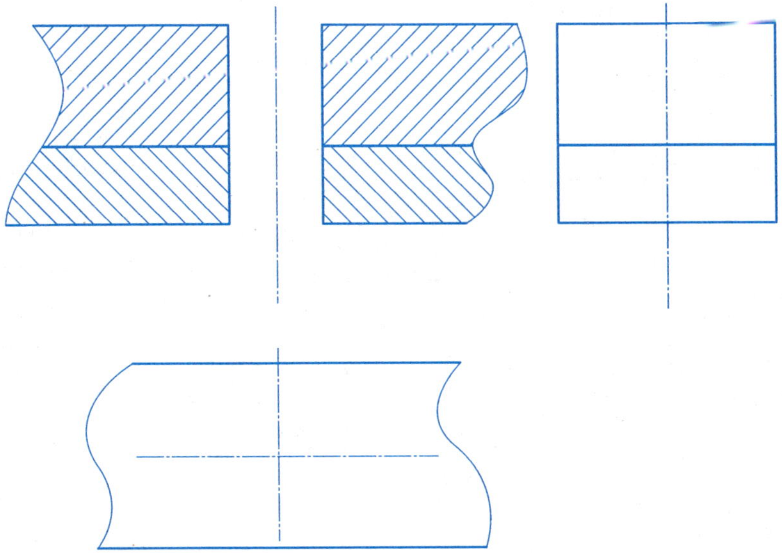

7-6　按 1∶1 比例画出螺钉装配图:已知螺钉(GB/T65—2000) M10×L,连接件厚度从图中量取(主视图画全剖,其他不剖)。

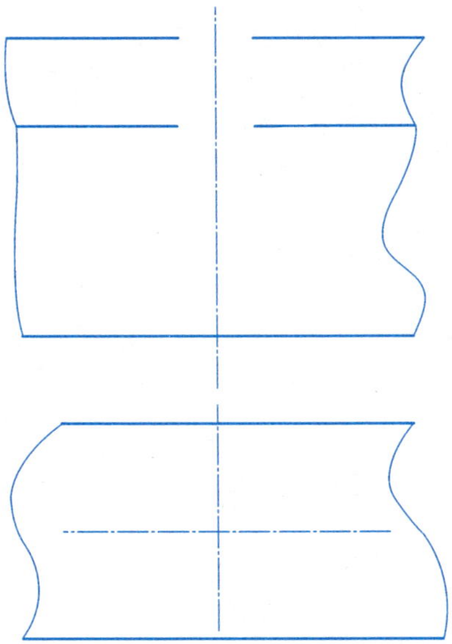

| 第七章　机械图样中的特殊表示法 | 专业 | 班级 | 姓名 | 学号 |

7-7　已知直齿圆柱齿轮 $m=4$、$z=30$，按 1:1 比例完成齿轮的两个视图。

| 第七章　机械图样中的特殊表示法 | 专业 | 班级 | 姓名 | 学号 |

7-8　采用 1∶1 比例完成两直齿圆柱齿轮的啮合视图并填空,已知 $Z1=30$,$m=3$,中心距 $a=75$。

d_{a1}	
d_1	
d_{f1}	
d_{a2}	
d_2	
d_{f2}	
i	

| 第七章　机械图样中的特殊表示法 | 专业　　　 | 班级　　　 | 姓名　　　 | 学号　　　 |

7-9　查表设计出轴径为 30 处键槽的断面图和带轮孔键槽图并标注尺寸及配合的平键的标记。

平键的标记：_____

| 第七章　机械图样中的特殊表示法 | 专业 | 班级 | 姓名 | 学号 |

7-10　完成上题中轴与带轮用平键连接后的装配图。

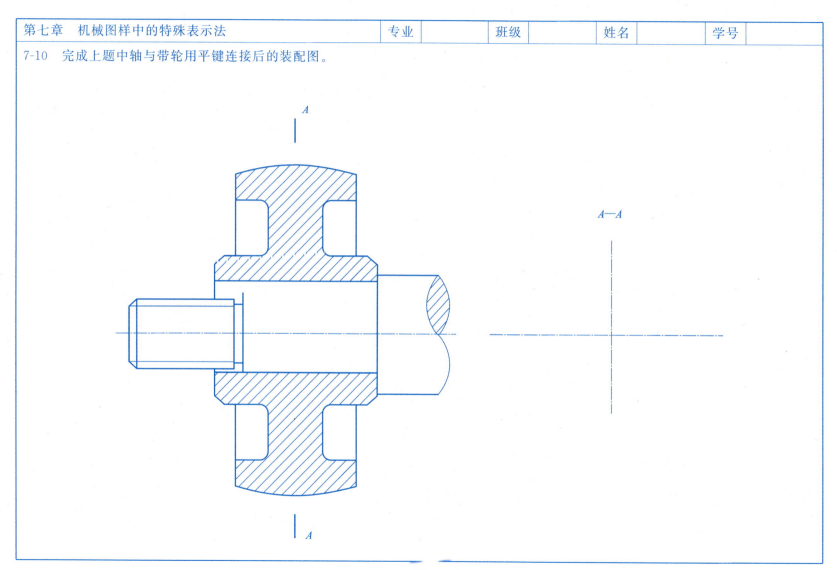

第七章　机械图样中的特殊表示法	专业　　　　　班级　　　　　姓名　　　　　学号

7-11　完成上题中轴与带轮用平键连接后的装配图。

(1)写出下列各滚动轴承的含义：① 6200；　② 3101；　③ 51202；　④ 31115；　⑤ 8203。

　　宽度系列代号：＿＿＿＿、＿＿＿＿、＿＿＿＿、＿＿＿＿、＿＿＿＿；

　　直径系列代号：＿＿＿＿、＿＿＿＿、＿＿＿＿、＿＿＿＿、＿＿＿＿；

　　内径：＿＿＿＿、＿＿＿＿、＿＿＿＿、＿＿＿＿、＿＿＿＿。

　　轴承类型：＿＿＿＿＿＿、＿＿＿＿＿＿、＿＿＿＿＿＿、＿＿＿＿＿＿、＿＿＿＿＿＿。

(2)已知与轴承相配合的轴径分别为 25 mm 和 15 mm，查表后(直径系列代号分别为 02 和 12)用 1∶1 比例以规定画法分别画出深沟球轴承和推力球轴承与轴的装配图。这两个轴承的标记分别是：＿＿＿＿＿＿、＿＿＿＿＿＿。

| 第七章　机械图样中的特殊表示法 | 专业　　　　 | 班级　　　　 | 姓名　　　　 | 学号　　　　 |

7-12　参考轴测图和已知轴的尺寸,按1∶1的比例完成5个元件与轴的装配图。

元件1：无头开槽螺钉 M4(GB/T71—2000)；

元件2：滚动轴承6204(GB/T276—1994)；

元件3：直齿圆柱齿轮,$m=2,z=40$；

元件4：普通平键 GB/T1096—2003；

元件5：滚动轴承6205(GB/T276—1994)。

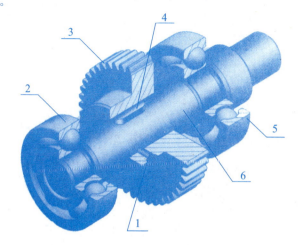

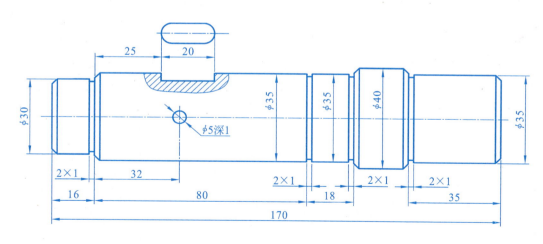

· 102 ·

第八章　零件图		专业		班级		姓名		学号	

8-1　参考轴测图选择合适的表达方案在 A4 图纸上按 1:1 比例画出零件图并标注尺寸。

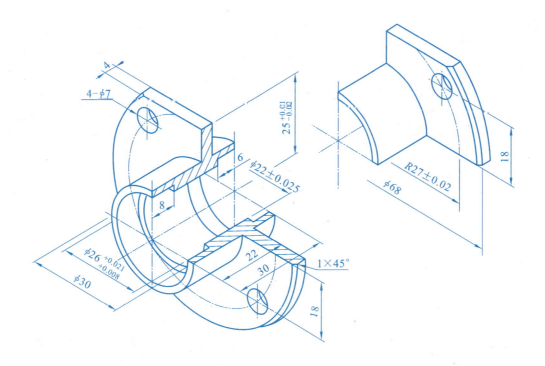

第八章　零件图		专业		班级		姓名		学号	

8-2　参考轴测图选择合适的表达方案在 A4 图纸上按 1:1 比例画出零件图并标注尺寸。

| 第八章 零件图 | 专业 | 班级 | 姓名 | 学号 |

8-3 参考轴测图选择合适的表达方案在 A4 图纸上按 1:1 比例画出零件图并标注尺寸。

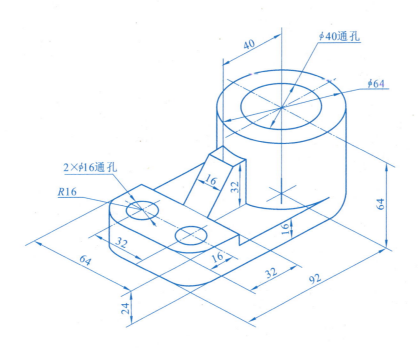

第八章 零件图		专业		班级		姓名		学号	

8-4 参考轴测图选择合适的表达方案在 A4 图纸上按 1:1 比例画出零件图并标注尺寸。

| 第八章 零件图 | 专业 | 班级 | 姓名 | 学号 |

8-5 按要求对给出的表面标注出粗糙度代号。

(1) 去除材料，单项上限值，默认传输带，算数平均偏差上限值为 6.3 μm，评定长度为 5 个取样长度（默认），16%规则。

(2) 去除材料，单项上限值，默认传输带，轮廓的最大高度最大值为 1.6 μm，评定长度为 5 个取样长度（默认），最大规则。

(3) 不去除材料，双项上限值，默认传输带和评定长度，Ra 上限值为 6.3 μm，最大规则，下限值为 1.6 μm，16%规则。

8-6 按要求完成零件表面粗糙度的标注。

(1) 90°V 形槽两工作面 Ra 为 0.8 μm；

(2) 零件底平面 Ra 为 3.2 μm；

(3) $\phi 6$ 销孔内表面 Ra 为 3.2 μm；

(4) $\phi 9$ 孔及沉孔内表面 Ra 为 25 μm；

(5) 其余表面 Ra 为 12.5 μm。

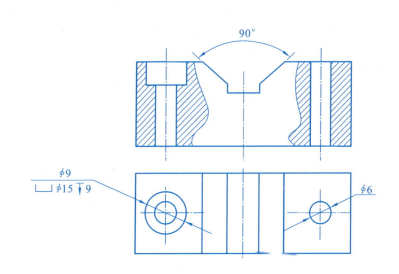

| 第八章 零件图 | 专业 | 班级 | 姓名 | 学号 |

8-7 看视图填空。

孔：

$\phi 20^{+0.028}_{0}$

$\phi 30^{+0.021}_{0}$

$\phi 30 \pm 0.05$

轴：

$\phi 20^{-0.021}_{-0.041}$

$\phi 30^{+0.042}_{+0.021}$

$\phi 30^{+0.084}_{-0.075}$

	孔			轴		
基本尺寸						
最大极限尺寸						
最小极限尺寸						
上偏差						
下偏差						
公差						
(1)配合种类：						
(2)配合种类：						
(3)配和种类：						

| 第八章　零件图 | 专业　　　　　班级　　　　　姓名　　　　　学号 |

8-8　根据给出的数据查表完成填空。

孔：

$\phi 8H7$（　　　）　　$\phi 30^{+0.028}_{+0.007}$（　　　）

$\phi 25P7$（　　　）　　$\phi 20^{+0.021}_{0}$（　　　）

$\phi 38K6$（　　　）　　$\phi 40^{-0.017}_{-0.042}$（　　　）

$\phi 25JS8$（　　　）　　$\phi 65^{+0.04}_{+0.01}$（　　　）

轴：

$\phi 20h7$（　　　）　　$\phi 12^{-0.05}_{-0.093}$（　　　）

$\phi 18d9$（　　　）　　$\phi 20^{0}_{-0.013}$（　　　）

$\phi 38s5$（　　　）　　$\phi 80^{+0.078}_{+0.059}$（　　　）

$\phi 10js9$（　　　）　　$\phi 32\pm 0.05$（　　　）

8-9　根据配合代号查表后画出孔和轴的公差带图并填空。

(1) $\phi 20 \dfrac{H10}{d9}$（　　　）；

(2) $\phi 30 \dfrac{H7}{m6}$（　　　）；

(3) $\phi 55 \dfrac{P7}{h6}$（　　　）。

(1)　　　　制　　　　配合；

(2)　　　　制　　　　配合；

(3)　　　　制　　　　配合。

| 第八章　零件图 | 专业 | 班级 | 姓名 | 学号 |

8-10　查表标注出图中孔与轴的尺寸及极限偏差并填空。

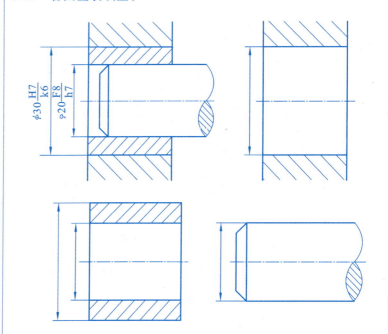

(1) 滚动轴承与轴承座孔的配合为_____制的配合,座孔的基本偏差代号是_____,公差等级为_____级。

(2) 滚动轴承与轴的配合为_____制的配合,轴的基本偏差代号是_____,公差等级为_____级。

(3) 查优先基准配合制表可知轴承的外径基本偏差代号是_____,公差等级为_____级。和座体的配合是_____配合。

(4) 查优先基准配合制表可知轴承的内孔基本偏差代号是_____,公差等级为_____级。和轴的配合是_____配合。

8-11　看图查表填空。

(1) 座体与轴套的配合是_____配合,轴套与轴的配合是_____配合。

(2) 公差等级:座体是_____、轴套是_____、轴是_____。

(3) 基本偏差代号:座体孔是_____、轴套外径是_____、轴套孔是_____、轴径是_____。

第八章　零件图　　　　　　　　　　专业　　　　班级　　　　姓名　　　　学号

8-12　说明图中所标注的形位公差的含义。

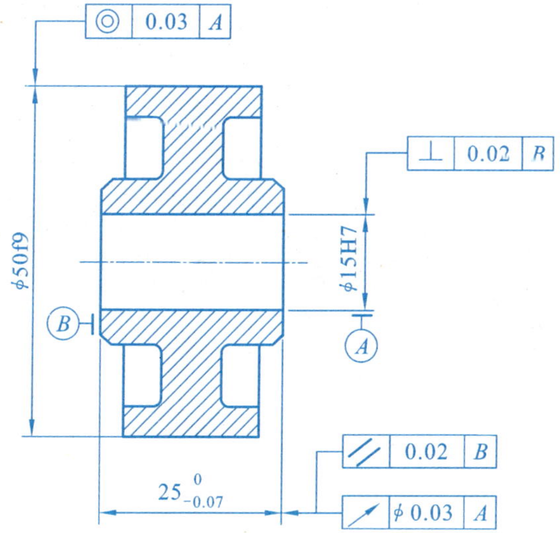

(1) 机件的_____对_____的_____公差为_____；

(2) 机件的_____对_____的_____公差为_____；

(3) 机件的_____对_____的_____公差为_____；

(4) 机件的_____对_____的_____公差为_____。

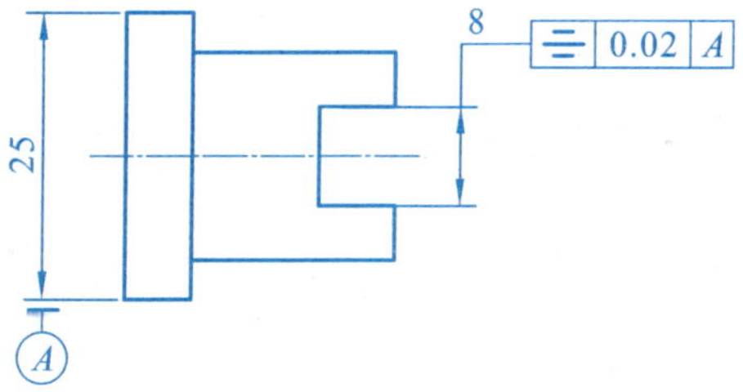

被测要素：_____；

基准要素：_____；

特征项目：_____；

公差：_____。

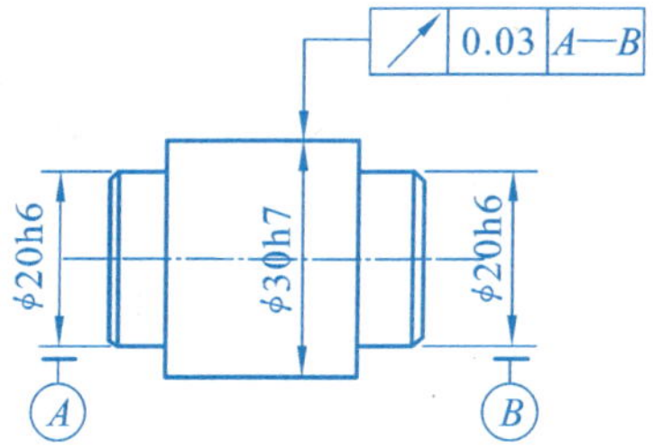

被测要素：_____；

基准要素：_____；

特征项目：_____；

公差：_____。

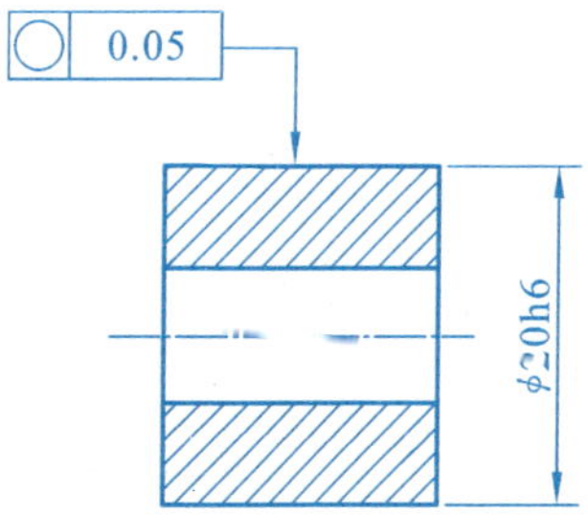

被测要素：_____；

特征项目：_____；

公差：_____。

· 111 ·

| 第八章　零件图 | 专业　　　班级　　　姓名　　　学号 |

8-13　将形位公差要求标注在图形上。

(1)φ18k6 圆柱面圆柱度公差为 0.008 mm。　　(2)φ20h7 轴线对两端 φ18k6 公共轴线的同轴度公差为 0.02 mm。

(3)φ25 轴肩右端对 φ20h7 轴线的圆跳动公差为 0.025 mm。　　(4)键槽 6±0.015 的中心平面对 φ18k6 轴线的对称度公差为 0.03 mm。

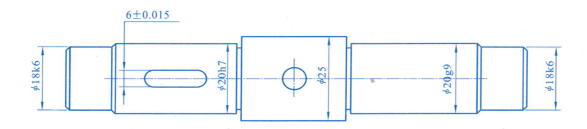

(1)A 面对 φ30h7 轴线的垂直度公差为 0.03 mm。

(2)B、C 面对 A 面的平行对公差为 0.02,对 φ26h7 轴线的垂直度公差为 0.03 mm。

(3)φ30h7 轴线对 φ26h7 轴线的同轴度公差为 0.02 mm。

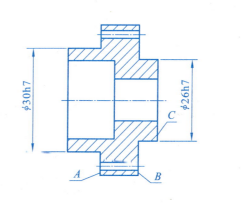

| 第八章 零件图 | 专业 | 班级 | 姓名 | 学号 |

8-14 读零件图并完成两个断面图和尺寸标注。

齿数	z	10
模数	m	4
压力角	α	20°
精度等级	8GB/T 10095.1—2001	

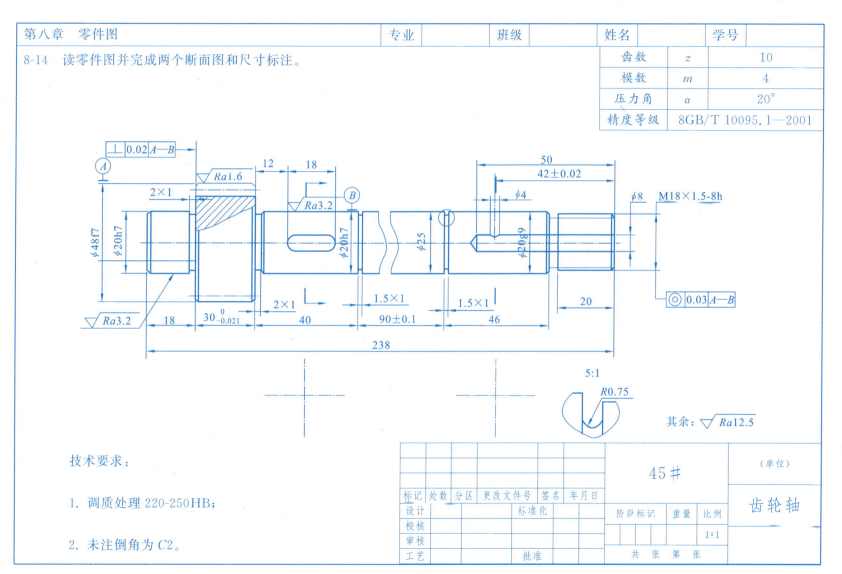

技术要求：

1. 调质处理 220-250HB；

2. 未注倒角为 C2。

45#

齿轮轴

1:1

| 第八章　零件图 | 专业　　　　班级　　　　姓名　　　　学号 |

(1)该零件的名称是_____,材料是_____,作图比例是_____,表示是_____和_____之比。

(2)该零件上的工艺结构有_____、_____和_____。

(3)按轴的加工位置放置零件,采用一个_____图和_____、_____、_____若干辅助视图表达轴的结构。

(4)该零件的轴向尺寸基准为_____,径向尺寸基准为_____。尺寸"2×1"表示_____×_____,"C2"表示_____和_____,尺寸中12、42±0.02属于_____尺寸,238为_____尺寸。φ48f7是齿轮顶圆直径尺寸,其上偏差为_____,下偏差为_____,公差为_____。齿轮的分度圆直径为_____,齿根圆直径为_____。

(5)该零件表面粗糙度要求最高的是_____面,其Ra的_____值为_____。

该零件表面粗糙度要求最低的是_____面,其Ra的_____值为_____。

(6)凡注有公差带尺寸的轴段均与其他零件有_____要求,如φ20h7,表面均会有表面粗糙度要求,其Ra的_____值为_____。

(7)解释 ◎ | 0.03 | A—B 的含义:被测要素是_____,基准要素是_____,特征项目是_____,公差为_____。

解释 ⊥ | 0.02 | A—B 的含义:被测要素是_____,基准要素是_____,特征项目是_____,公差为_____。

(8)M18×1.5-8h 的含义:螺纹种类_____,螺距_____,导程_____,线数_____,旋向_____,公差带代号_____。

第八章　零件图

8-15　看图填空。

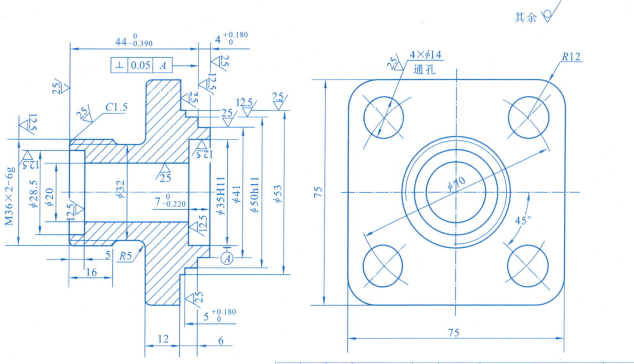

技术要求：
1. 铸件经时效处理，消除内应力；
2. 未注铸造圆角为 R1~R3；
3. $\sqrt{\overset{3.2}{}} = \sqrt{Ra3.2}$。

| 第八章　零件图 | 专业　　　　班级　　　　姓名　　　　学号 |

(1) 盘盖类的基本形状是_____,此零件的名称是_____,材料是_____。

(2) 阀盖的端面有_____个均布的_____,直径为_____,φ70是它们的_____尺寸,表面的粗糙度要求为_____。

(3) 阀盖的主体结构形状是带轴孔的同轴回转体,主视图采用_____图表达了轴孔及_____结构。

(4) 以阀盖的_____为_____基准,以阀盖的_____为_____基准,图中有配合部位的尺寸有_____、_____、_____等。

(5) 图中未注铸造圆角是_____,表面粗糙度最高的是_____,最低的是_____。

(6) φ35H11采用的是_____配合制度,H表示_____代号,11表示_____,查表上偏差为_____,下偏差为_____,公差为_____,检测尺寸在_____和_____范围内才是合格产品,在_____是废品,在_____是返修品。

(7) M36×2—6g的含义是:牙型是_____,公称直径为_____,导程是_____,公差等级是_____,g表示_____,此部位表示有_____要求,其表面粗糙度要求为_____,表示_____的上限值为_____。

(8) 解释 ⊥ 0.05 A 的含义:基准要素是_____,被测要素是_____;特征项目是_____,公差为_____。

(9) 阀盖的总体尺寸是_____、_____、_____,φ53、φ20等均属于_____尺寸,定位尺寸有_____。

| 第八章 零件图 | 专业 | 班级 | 姓名 | 学号 |

8-16 看图填空。

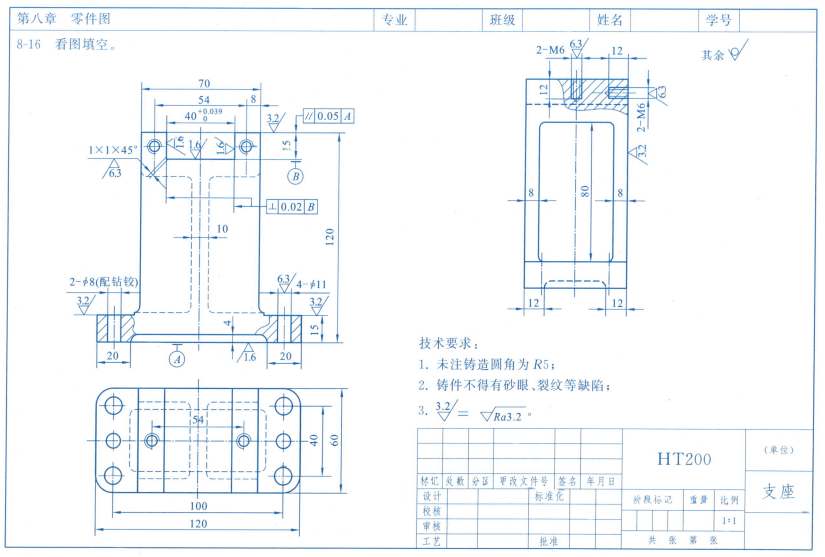

第八章　零件图	专业		班级		姓名		学号	

(1) 零件图包括_____、_____、_____、_____四项内容。

(2) 支座的上端面有_____个螺纹孔，公称直径为_____，它们的_____尺寸是_____和_____，座体中间的壁厚为_____，其他均是空体结构目的是为了_____座体的重量，座体下部有_____个安装孔，其中_____个直径是_____配装加工的。

(3) 支座的主体结构形状是采用_____图、_____图、_____图及_____图表达的。

(4) 以支座的_____为_____基准，支座的_____为_____基准，支座的_____为_____基准。图中的定位尺寸有_____、_____、_____等。包装尺寸有_____、_____、_____。

(5) 图中未注铸造圆角是_____，表面粗糙度最高的是_____，最低的是_____。

(6) 支座上端面凹槽的上偏差为_____，下偏差为_____公差为_____，公差等级为_____其表面粗糙度是_____，含义是_____。

(7) M6 的含义是：螺纹种类是_____，公称直径为_____，螺距是_____，旋向是_____，线数是_____。

(8) 解释 ⟋ 0.05 A 的含义：基准要素是_____，被测要素是_____。
　　　　　　　　　　　　　　特征项目是_____，公差为_____。

(9) 解释 ⊥ 0.02 B 的含义：基准要素是_____，被测要素是_____；
　　　　　　　　　　　　　　特征项目是_____，公差为_____。

第八章 零件图

8-17 看图填空。

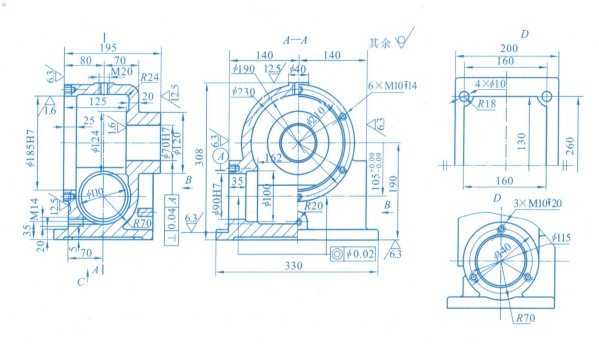

技术要求：

1. 未注铸造圆角为 R5；
2. 未注倒角为 C2；
3. 铸件应经时效处理，消除内应力。

HT200

蜗轮减速器

1:1

| 第八章　零件图 | | 专业 | | 班级 | | 姓名 | | 学号 | |

(1) 此座体的结构较为复杂,所以采用了_____视图表达了蜗轮配合位置,采用了_____视图一半表达了外端有_____个螺纹连接孔,并结合_____视图表达了蜗杆配合位置及_____个螺纹连接的安装结构,采用了_____视图表达了蜗轮座的支架壁厚结构,采用_____视图表达了底部有_____个安装孔,为了接触平稳和减少_____,底板下面的中间部分做成_____。

(2) 选择座体的_____为高度方向的主要基准,座体的_____为长度方向的主要基准,座体的_____为高度方向的主要基准。从图中看出蜗轮蜗杆的中心距为_____,蜗轮部位安装螺纹孔的定位尺寸是_____,涡杆部位安装螺纹孔的定位尺寸是_____,底部安装孔的定位尺寸是_____、_____,有配合要求的孔均采用_____基准配合制度,如_____、_____、_____。

(3) 座体的主要工艺结构有_____、_____、_____及_____等。

(4) 解释 6×M10▼14 含义:6 是_____,螺纹的种类是_____,螺距是_____,旋向是_____,线数_____;▼14 是对螺孔_____的要求。

(5) 解释 ⊥ 0.04 A 的含义:基准要素是_____,被测要素是_____特征项目是_____,公差为_____。

(6) 解释 ◎ ⌀0.02 的含义:基准要素是_____,被测要素是_____特征项目是_____,公差为_____。

| 第九章　装配图 | 专业　　　　　班级　　　　　姓名　　　　　学号 |

9-1　根据千斤顶的轴测图和装配图完成件1、2、3、4和件6的零件设计图。

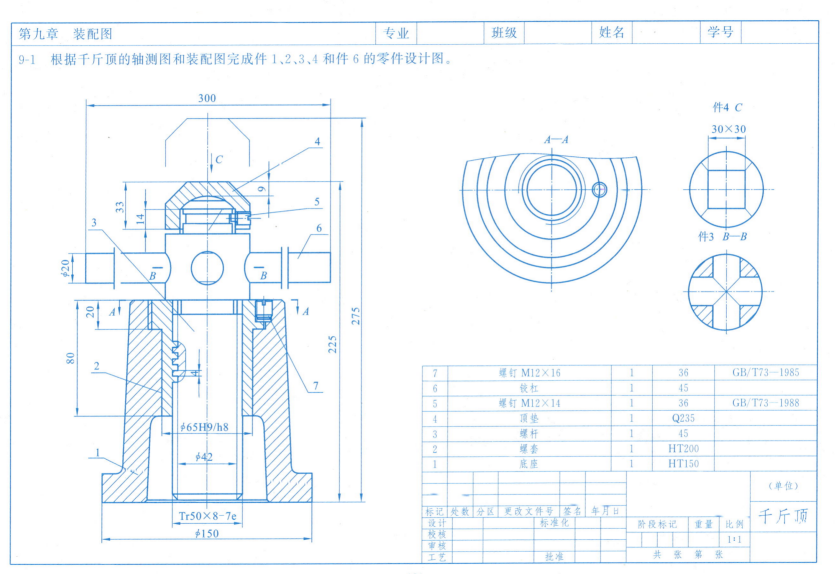

| 第九章　装配图 | 专业 | 班级 | 姓名 | 学号 |

| 第九章　装配图 | 专业 | 班级 | 姓名 | 学号 |

9-2　根据球阀的轴测图和装配图完成件 1、2、4 和件 12、13 的零件设计图。

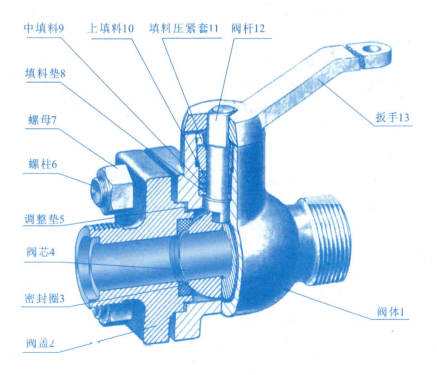

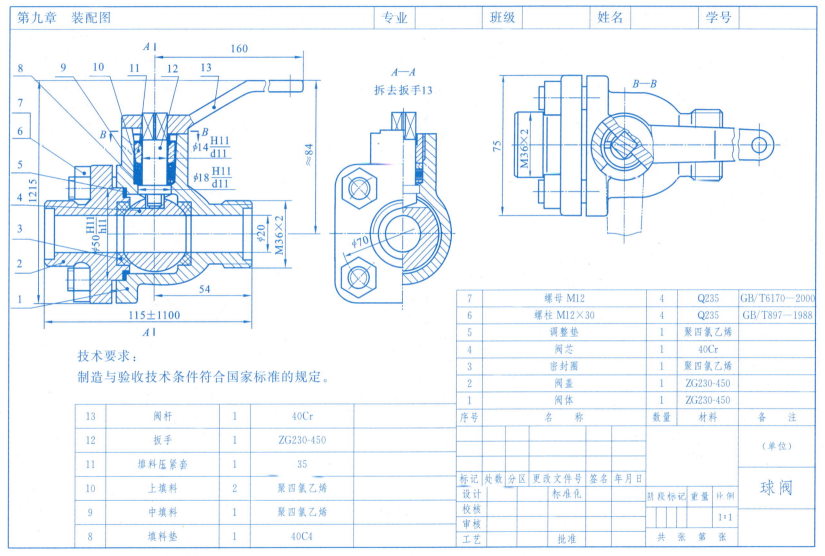

| 第九章　装配图 | 专业 | 班级 | 姓名 | 学号 |

9-3　根据实体模型拆装后据实量尺寸画出各零件的零件图与装配图。

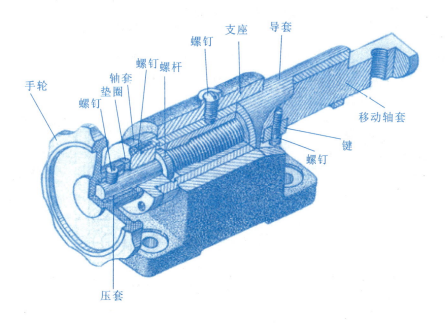